# Python
# 程序设计基础

主　编◎潘　仙　徐玲玉　丁力波

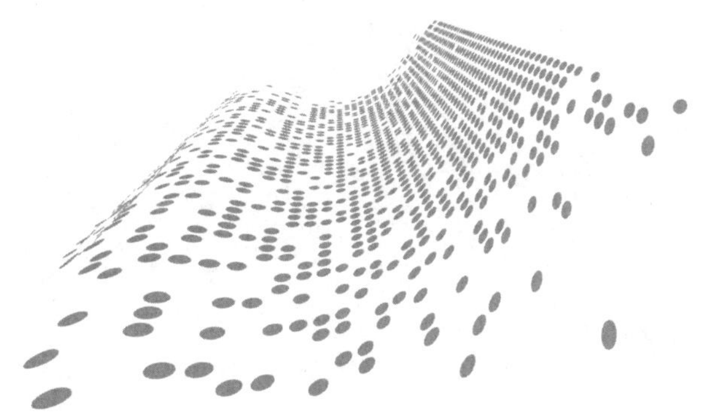

上海交通大學出版社
SHANGHAI JIAO TONG UNIVERSITY PRESS

**内容提要**

本书主要介绍 Python 语言的基础知识以及一些简单的应用，旨在让学生对 Python 语言、程序设计方法有一个全局的把握以及基础的了解。全书共 7 章，第 1 章～第 5 章介绍 Python 基础语法、循环语句、控制语句、函数、异常处理等基础知识；第 6 章～第 7 章着重介绍 Python 异常处理、模块与库的内容，并结合相关实际案例展示 Python 的应用。

本书可作为各类高职院校计算机应用技术、人工智能应用技术及相关专业的教材，也可供程序员和编程爱好者参考使用。

**图书在版编目(CIP)数据**

Python 程序设计基础/潘仙，徐玲玉，丁力波主编
.—上海：上海交通大学出版社，2023.8 (2023.12 重印)
ISBN 978-7-313-28862-2

Ⅰ.①P… Ⅱ.①潘…②徐…③丁… Ⅲ.①软件工具—程序设计 Ⅳ.①TP311.561

中国国家版本馆 CIP 数据核字(2023)第 138264 号

**Python 程序设计基础**
**Python CHENGXU SHEJI JICHU**

主　　编：潘　仙　徐玲玉　丁力波
出版发行：上海交通大学出版社
邮政编码：200030
印　　制：上海万卷印刷股份有限公司
开　　本：787mm×1092mm　1/16
字　　数：187 千字
版　　次：2023 年 8 月第 1 版
书　　号：ISBN 978-7-313-28862-2
定　　价：48.00 元

地　　址：上海市番禺路 951 号
电　　话：021-64071208
经　　销：全国新华书店
印　　张：8.5
印　　次：2023 年 12 月第 2 次印刷

# 前 言

随着新工科专业的发展，程序设计语言经历了从 BASIC、Fortran 等到 Java、C/C＋＋语言的转变，目前仍有大量的工科专业使用 C 语言作为基础的程序设计语言。但是 C 语言语法复杂，与其他高级语言比较，较难掌握，不太适合非计算机专业的学生以此解决复杂的工程问题，难以适应新工科建设的要求。而 Python 语言具有简洁、易学易读易懂、便于扩展、可以实现快速开发等优点，且其数据分析库功能齐全，还提供了非常丰富的 API 和工具，让程序员可以轻松使用 C 语言、C＋＋、Python 编写自己的扩展模块。由于 Python 的各种优势，它非常适合不同层次、不同专业的学生学习。为此，Python 程序设计语言迅速跃居编程语言排行榜前列，成为当下最受欢迎的编程语言之一。

党的二十大报告指出，要“加强教材建设和管理”，这事关我国教育大局。基于学生的学情、区域的特色文化和党史、新中国史、改革开放史、社会主义发展史，本书对知识内容进行了二度开发，使之成为指向学生学业提高和精神成长完美融合的“学材”，实现教材向“学材”的转变。本书以 Python 语言为工具，讲解了程序设计的基本方法，并在此基础上结合实际问题展示了 Python 程序设计的应用场景，案例由浅入深，是理论结合实际的典型应用。Python 语言是一种结构简单、干净，设计精良的程序设计语言，以该语言为切入口进行编程学习，能够让学生专注于算法思维和程序设计的主要技能。通过 Python 学习的概念可以直接传递到后续其他的编程语言学习中，如 C＋＋和 Java 等。

本书依次介绍了 Python 的基础语法、控制语句、函数、异常处理、模块与库等内容。同时提供了利用 Python 语言进行程序设计的方法以及实际应用案例。本书由嘉兴南洋职业技术学院专业教师团队编写，书中的案例来自企业的实际应用，由中电科宁波海洋电子研究院资深软件工程师编写。

由于编者水平所限，书中存在的误漏和欠妥之处，敬请读者批评指正。

编 者

2023 年 3 月

目 录

# 程序设计概述

## 1.1 什么是程序设计

程序设计是以某种程序设计语言为工具，给出在该语言下解决某一特定问题的计算机程序的过程。无论你使用哪种程序设计语言，其基本概念都是一致的。你可以使用任何一种程序设计语言来学习程序设计，例如Python、Java、C++等。一旦你学会了用某一种语言编写程序，再用其他语言编写程序就变得很容易，因为编写程序的基本概念、思想、技能都是一样的。

在学习程序设计之前，首先要了解运行程序的硬件，即计算机，因为我们需要知道程序处理的对象，如数据、文件、数据包等与哪些硬件有关；然后要了解程序设计语言的基本概念，这样就可以开始进行程序设计的学习了。

## 1.2 计算机组成

计算机俗称电脑，是一种高速计算的电子计算机器，既可以进行数值计算，又可以进行逻辑计算，还具有存储记忆功能。几乎每个人都使用过计算机。也许，你玩过计算机游戏，或曾用计算机写文章、在线购物、听音乐，或通过社交媒体与朋友联系……计算机还可以应用于预测天气、设计飞机、制作电影、经营企业、完成金融交易和控制工厂等。

你是否停下来思考过，计算机到底是什么？一个设备如何能执行这么多不同的任务？认识计算机和学习计算机程序编写就从这些问题开始。

现代计算机可以被定义为“在可改变的程序控制下，存储和操纵信息的机器”。该定义有两个关键要素：第一，计算机是用于操纵信息的设备。这意味着我们可以将信息输入计算机，计算机则将接收的信息转换为新的、有用的形式，然后输出或显示该新信息。第二，计算机不是唯一能操纵信息的机器。在用简单的计算器来加一组数据时，先输入信息（数据），然后计算器开始处理信息，计算连续的总和，最后显示结果。当你给汽车油箱加油时，油泵利用某些信息进行数据输入，如当前每升汽油的价格、来自传感器读取的汽油流入汽车油箱的速率等，再将这些输入的数据转换为加了多少升汽油和应付多少元钱的信息显示在屏幕上。我们并不会将计算器或油泵看作完整的计算机,尽管这些设备的现代版本实际上可能包含嵌入式计算机,因为它们与计算机不同,仅被构建为执行单个特定的任务。

计算机程序是一组详细的分步指令,每一条指令都会确切地告诉计算机要做什么。如果我们改变程序,计算机就会执行不同的动作序列,从而执行不同的任务。正是这种灵活性,让计算机成了文字处理器、金融顾问、街机游戏等。从中可以看出机器保持不变,但控制机器的程序改变了。每台计算机只是"执行"(运行)程序的机器。

你可能熟悉 PC 机、笔记本计算机、平板计算机和智能手机等,但不论是实际上还是理论上,都有数千种其他类型的计算机。计算机科学有一个了不起的发现:所有不同的计算机都具有相同的力量,即通过适当的编程,每台计算机基本上可以做任何其他计算机可以做的事情。在这个意义上说,放在你办公桌上的 PC 机实际上是一台通用机器,它可以做任何你想要它做的事,只要你能足够详细地向计算机描述你要完成的任务。

1946 年,美籍匈牙利科学家冯·诺依曼提出存储程序原理,把程序本身当作数据来对待,程序和该程序处理的数据用同样的方式存储,并确定了存储程序计算机的五大组成部分和基本工作方法。人们把冯·诺依曼的这个理论称为冯·诺依曼体系结构。

冯·诺依曼体系结构指出计算机由五个主要部分组成,分别是运算器、控制器、存储器、输入设备和输出设备,如图 1-1 所示。

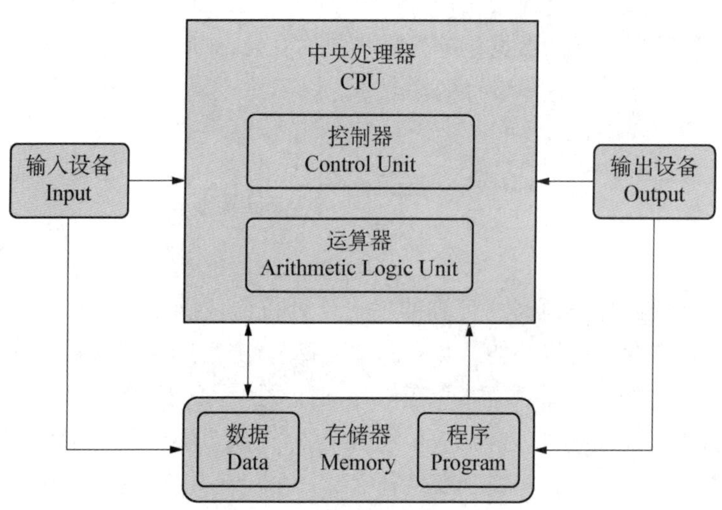


**图 1-1 冯·诺依曼体系结构**

中央处理器(central processing unit, CPU)作为计算机系统的运算和控制核心,是信息处理、程序运行的最终执行单元。CPU 主要包括两个部分,即控制器和运算器。另外,CPU 还包括高速缓冲存储器、数据总线、控制总线等。CPU 的结构如图 1-2 所示。

内存是计算机的重要部件之一,用于暂时存放 CPU 中的运算数据,以及与硬盘等外部存储器交换的数据。计算机的所有程序都是在内存中运行的,因此内存的性能对计算机的影响非常大。内存是易失性存储器,断电后内存中的数据就没有了。

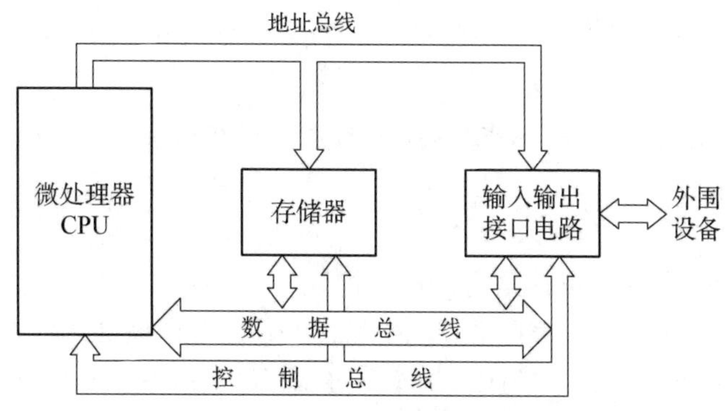

图 1－2　CPU 的结构框图

硬盘是非易失性存储器，关机后里面的数据也不会丢失。硬盘的存储容量非常大，常见的机械硬盘单盘容量为 1 T 或更大，固态硬盘为 240 GB 或更大。需要长期存储的数据都可以以文件的形式保存在硬盘上。

输入设备是指向计算机输入数据和信息的设备，它是计算机与用户或其他设备通信的桥梁，是用户和计算机系统之间进行信息交换的主要装置之一。输入设备的任务是把数据、指令及某些标志信息等输送给计算机。常见的输入设备有键盘、鼠标、摄像头、扫描仪、手写输入板、游戏杆、语音输入装置等。

输出设备是指把计算结果以人能识别的各种形式，如数字、符号、字母声音、图形等表示出来的设备。常见的输出设备有显示器、打印机、绘图仪、影像输出系统、语音输出装置等。

输入、输出设备是计算机与外部世界进行联系的桥梁，它们在计算机系统中起到了至关重要的作用。没有输入、输出设备，计算机就无法与用户进行交流，也无法将处理后的信息输出给用户。

## 1.3　程序设计语言

软件（程序）指挥硬件（物理机器）。软件决定计算机可以做什么，没有软件，计算机只是昂贵的镇纸。创建软件的过程称为“编程”，这是本书的主要关注点。

计算机编程是一项具有挑战性的活动。良好的编程既要有全局观，又要注意细节。不是每个人都有天赋成为一流的程序员，正如不是每个人都具备成为专业运动员的技能。但是，几乎任何人都可以学习计算机编程。只要有耐心和努力，本书将帮助你成为一名程序员。

编程是计算机科学的一个基本组成部分，因此对所有立志成为计算机专业人员的人都很重要。但其他人也可以从编程经验中受益。计算机已经成为我们社会中的常见工具，要理解这个工具的优点和局限性，就需要理解编程。编程有很多乐趣。这是一项智力活动，让人们通过有用的、非常漂亮的创作来表达自己。编程也会培养解决有价值的问题的技能，特别是将复杂系统分解为一些可理解的子系统及其交互，从而分析复杂系统的能力。

程序设计语言是用于编写计算机程序的语言。根据抽象程度的高低，可以分为机器语言、汇编语言及高级语言。

### 1. 机器语言

机器语言是第一代程序设计语言。计算机硬件的本质是一块电路板，电路只能理解“0”和“1”的电信号。最早的计算机实际上是通过手动改变电路和接线来编程而指导计算机。完成特定任务的方式对程序员来说，效率极其低下，由于这种由“0”和“1”组成的“语言”无须翻译就能让机器直接识别并执行，所以被称为“机器语言”。从程序员的角度来看，机器语言是离人类思维方式最远、离机器思维方式最近、抽象程度最低的语言，所以又被称为低级语言。机器语言编程效率极低，在现代基本被淘汰了。

### 2. 汇编语言

在机器语言的基础上，为了方便编写、阅读和维护程序，人们使用一些容易理解和记忆的字母、单词来代替一个特定的机器指令。比如：用“ADD”代表加，用“MOV”代表数据传递，等等。写完程序后，用一个翻译程序（汇编器）把这些容易被人理解的语句翻译成机器能理解并执行的指令，如图 1－3 所示，这就是汇编语言，即第二代计算机语言。

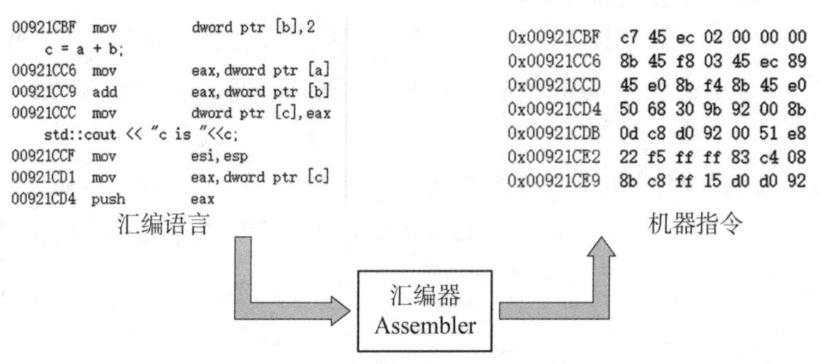


图 1－3　汇编语言与机器指令

汇编语言只是将机器语言做了简单的翻译，它跟 CPU 指令集紧密相关，每种指令集构架的 CPU 都有自己的汇编语言。汇编语言在不同指令集构架的 CPU 之间做移植非常困难，例如 X86 CPU 的汇编语言就不能运行在 ARM CPU 上。汇编语言离人类思维方式前进了一步，但抽象程度仍然不高，移植非常困难，仍然属于低级语言。

### 3. 高级语言

高级语言相对于机器语言或汇编语言抽象程度更高，离人类思维方式更近，也更容易编写、阅读与维护。高级语言与 CPU 的具体构架和指令集无关，移植性好，其语法和结构更类似普通英文，学习和使用更加容易。C 语言与 C＋＋语言就是高级语言的典型代表。

高级语言通过编译器编译成为与硬件相关的汇编语言，然后再由汇编器转换为计算硬件能够直接运行的机器指令，如图 1-4 所示。

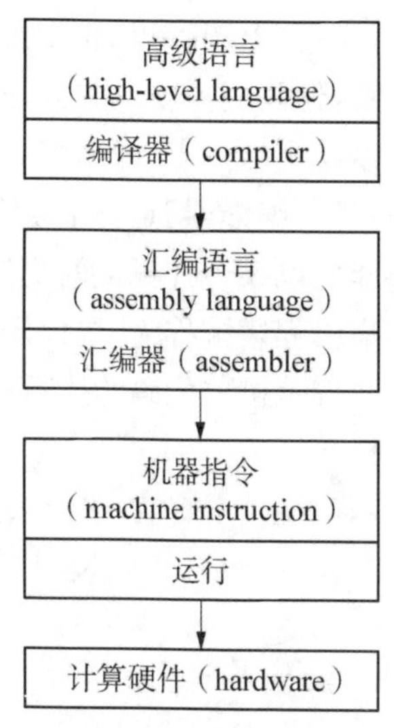


**图 1-4　高级语言编译执行过程**

根据编译时刻的不同，高级语言可以分为编译型语言和解释型语言。编译型语言在执行前把所有的源代码一次性编译为机器语言，后续执行无须重新编译。编译型语言代表有 C、C++、Pascal 等。编译型语言执行效率比较高，但移植性比较差，切换程序运行平台时需要重新编译全部源代码。程序运行平台是指操作系统加 CPU，例如在一台 Windows+X86 CPU 计算机上编写的程序无法直接移植到一台搭载 Android+ARM CPU 的设备上运行。解释型语言则不用预先把所有源代码直接翻译成机器语言，而是在运行的过程中由解释器逐条读取语句、解释运行，解释器读入语句后会将程序语句转换为与平台无关的字节代码然后在虚拟机上运行。解释型语言代表有 Python、Java 等。与编译型语言相比解释型语言执行效率略低，但跨平台性好，同样的程序可以在不同平台上直接解释运行。

请记住，程序只是一系列指令，告诉计算机要做什么。显然，我们需要用计算机可以理解的语言来提供这些指令。计算机科学家们在这个方向上取得了长足的进步，例如 Siri（Apple 系统）、Google Now（Android 系统）和 Cortana（Microsoft 系统）等技术。但是，所有认真使用过这种系统的人都可以证明，设计一个完全理解人类语言的计算机程序仍然是一个很难解决的问题。即使计算机可以理解我们，人类语言也不太适合描述复杂的算法，因为自然语言充满了模糊性和不精确性。

计算机科学家们为此设计了一些符号，以准确的方式来表示计算，这些特殊符号被称为编程语言。编程语言中的每个结构都有精确的语法和精确的语义。编程语言就像一种规则，用于编写计算机将遵循的指令。实际上，程序员通常将他们的程序称为“计算机代码”，用编程语言来编写算法的过程则被称为“编码”。

Python 就是一种编程语言，它也是本书要介绍的编程语言。你可能已经听说过其他一些常用的语言，如 C++、Java、Javascript、Ruby、Perl、Scheme 和 BASIC 等。计算机科学家已经开发了成千上万种编程语言，而且语言本身随着时间演变，产生了多个不同的版本。虽然这些语言在许多细节上不同，但它们都有明确定义的、无二义的语法和语义。

上面提到的所有语言都是高级计算机语言的例子，虽然它们是精确的，但它们的设计目的是让人使用和理解。严格地说，计算机硬件只能理解一种非常低级的语言，称为“机器语言”。假设我们希望让计算机对两个数求和，CPU 实际执行的指令如下。

第一步：将内存位置 2001 的数加载到 CPU 中，将内存位置 2002 的数加载到 CPU 中，并在 CPU 中对这两个数求和。

第二步：将结果存储到位置 2003。

在 Python 语言中，两个数的求和可以更自然地表达为 $c=a+b$。这让我们更容易理解，但我们需要一些方法，将高级语言翻译成计算机可以执行的机器语言。有两种方法可以做到这一点，即高级语言可以被“编译”或“解释”。

“编译器”是一个复杂的计算机程序，它接受另一个以高级语言编写的程序，并将其翻译成以某个计算机的机器语言表达的等效程序。图 1-5 展示了编译器的整个工作过程。高级程序被称为“源代码”，得到的“机器代码”是计算机可以直接执行的程序。图中的虚线表示机器代码的执行(也称为“运行程序”)。

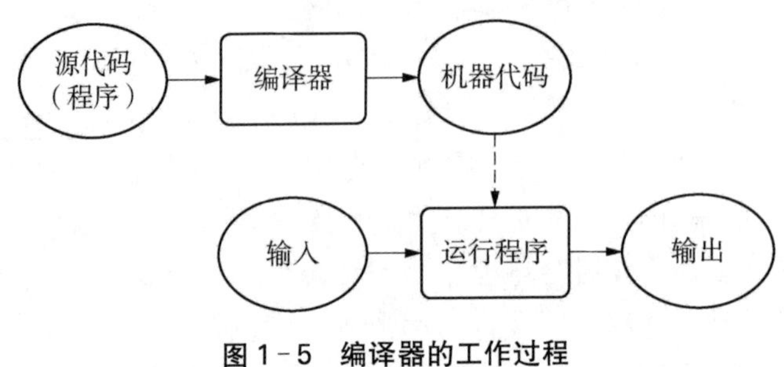


**图 1-5　编译器的工作过程**

“解释器”是一个程序，它模拟能理解高级语言的计算机。解释器不是将源程序翻译成机器语言的等效程序，而是根据需要一条一条地分析和执行源代码指令。图 1-6 展示了解释器的工作过程。

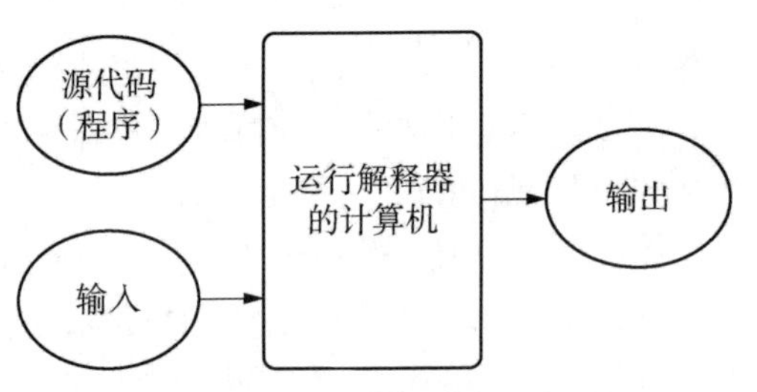


**图 1-6　解释器的工作过程**

“解释”和“编译”之间的区别在于编译是一次性翻译。一旦程序被编译，它可以重复运行而不需要编译器或源代码。在解释的情况下，每次程序运行时都需要解释器和源代码。编译的程序往往更快，因为翻译是一次完成的，但是解释语言让它们拥有更灵活的编程环境，因为程序可以交互式开发和运行。

翻译过程突出了高级语言对机器语言的另一个优点：可移植性。计算机的机器语言由特定 CPU 的设计者创建，每种类型的计算机都有自己的机器语言。笔记本计算机中的 Intel i7 处理器程序不能直接在智能手机的 ARMv8 CPU 上运行。不同的是，以高级语言编写的程序可以在许多不同种类的计算机上运行，只要存在合适的编译器或解释器(这只是另一个程序)。因此，在笔记本计算机和平板计算机上可以运行完全相同的 Python 程序。尽管它们有不同的 CPU，但都可以运行 Python 解释器(见图 1-7)。

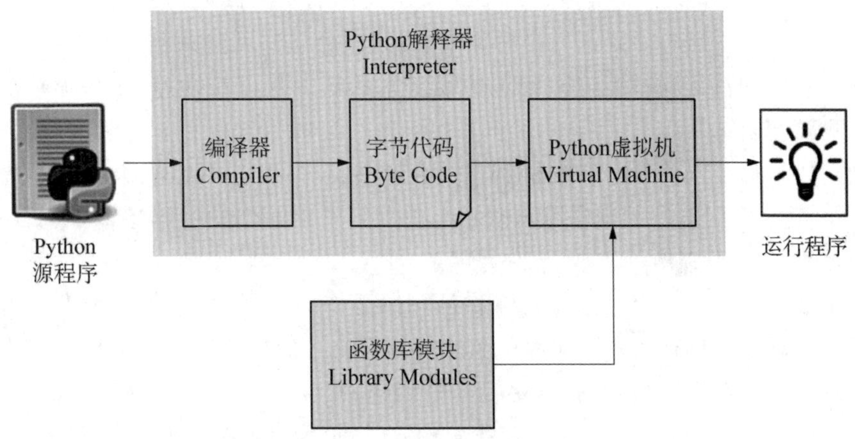


图 1-7　Python 解释器

编译型语言与解释型语言各有特点，前者由于程序执行速度快，在同等条件下对系统要求较低，常用于开发操作系统、大型应用程序、数据库系统等。后者由于平台兼容性好，常用于编写网页脚本、服务器脚本等。

脚本是指具有一定逻辑执行顺序的命令集合，通常是一个文本文件，由某个解释器解释运行。一个能直接运行并能实现某个功能的 Python 源代码文件(.py)通常称为 Python 脚本。

## 1.4　面向过程与面向对象

编程能力的本质是逻辑和抽象，除了学好编程语言的语法外，编程思想也很重要。常见的两种编程思想是面向过程编程和面向对象编程。

面向过程编程是一种聚焦解决问题过程的编程思想，在拿到一个问题后，首先分析解决问题所需要的步骤，然后利用函数一步一步实现这些步骤。从面向过程编程的视角来看，程序＝算法＋数据结构。面向过程的程序设计的核心是过程(流水线式思维)，即解决问题的步骤。面向过程的设计就好比精心设计好的一条流水线，需要考虑周全解决问题的每个步骤，如果中间有某个环节发生了变化，那么就得重新设计流水线。因此，使用这种方法开发的程序重用性较差、难以维护。它的优点是极大地降低了写程序的复杂度，只需要按照执行的步骤，堆叠代码即可。

面向对象编程是一种聚焦对象及其之间相互作用的编程思想，对象包含属性和方法。对象之间可以通过消息机制传递信息相互作用，拿到一个问题后，首先分析这个问题可以抽象出哪几类对象，然后通过对象之间相互作用达成目标。以面向对象编程的视角来看，程序＝对象＋相互作用。

面向对象的程序设计的核心是对象，对象是具有结构和状态的一种数据类型，也可以说，对象是具有结构和状态的实体。每个对象定义可以访问或处理状态的操作。它的优点是解决了程序的扩展性。对某一个对象单独修改，会立刻反映到整个体系中，如对游戏中一个人物参数的特征和技能修改都很容易。它的缺点是可控性差，无法很精准地预测问题的处理流程与结果。

面向对象编程可以使程序的维护和扩展变得更简单，并且可以大大提高程序的开发效率，另外，基于面向对象的程序可以使它人更加容易理解你的代码逻辑，从而使团队开发变得更从容。

现实生活中的每一个相对独立的事物都可以看作一个对象，例如一个人、一辆车、一台计算机等。对象是具有某些特性和功能的具体事物的抽象。每个对象都具有描述其特征的属性及附属于它的行为。例如，一辆车有颜色、车轮数、座椅数等属性，也有启动、行驶、停止等行为；一个人由姓名、性别、年龄、身高、体重等特征描述，也有走路、说话、学习、开车等行为；一台计算机由主机、显示器、键盘、鼠标等部件组成。

例如，在生产一台计算机时，并不是先生产主机再生产显示器、键盘和鼠标，即不是按照顺序执行的，而是分别生产主机、显示器、键盘、鼠标，最后把它们组装在一起。这就是面向对象程序设计的基本思路。

每个对象都有一个类型，类是创建对象实例的模板，是对对象的抽象和概括，它包含对所创建对象的属性描述和行为特征的定义。例如，马路上的汽车是一个一个的汽车对象，它们归属于一个汽车类，那么车身颜色就是该类的属性，需要保养、报废等就是它的事件。

Python 完全采用了面向对象程序设计的思想，是真正面向对象的高级动态编程语言，它支持面向对象的基本功能，例如封装、继承、多态以及对基类方法的覆盖或重写。与其他面向对象程序设计语言不同的是，在 Python 中，对象的概念很广泛，它的一切内容都可以被称为对象。例如，字符串、列表、字典、元组等内置数据类型都具有和类完全相似的语法和用法。

由此可见，面向对象编程并不拘泥于解决问题的具体步骤，而是更加侧重按照人的思想对现实世界进行抽象，比面向过程编程的抽象程度更高。“在 Python 中一切皆对象”这个概念会贯穿本书始终。

# Python 概述

## 2.1 Python 的定义

Python 是一种广泛使用的解释型、面向对象、动态数据类型的高级程序设计语言。它是近年来编程界最火的热点之一。从性质上讲它与我们熟悉的 C/C++、Java、PHP 等没有什么本质的区别，也是一种开发语言，而且已经进入主流的 20 种开发语言中的 Top5。Python 是一种解释型语言，这意味着在开发过程中没有编译这个环节，Python 类似于 PHP 和 Perl 语言，是交互式语言，可以在一个 Python 提示符中直接互动执行你写的程序。

Python 是一种面向对象语言，这意味着 Python 支持面向对象的风格或代码封装在对象的编程技术。Python 对初级程序员而言，语法简单易学，还提供了丰富的开发框架，如 Flask、Django、Tornado 等。Python 支持广泛的应用程序开发，从简单的文字处理、Web 后端业务开发、系统网络运维、数据爬虫、科学与数字计算、机器学习、数据挖掘、WWW 浏览器再到游戏开发，应用领域非常广泛。

## 2.2 Python 的由来和发展趋势

1989 年，吉多·范罗苏姆(Guido Van Rossum)在阿姆斯特丹为了打发无聊的圣诞节，决心开发一个新的脚本解释程序，作为 ABC 语言的一种继承。他希望 Python 语言能够符合他的理想，创造一种 C 和 shell 之间功能全面、易学易用、可以扩展的语言。Python 本身也是由诸多其他语言发展而来的，这包括 ABC、Modula-3、C、C++、Algol-68、SmallTalk、Unix shell 和其他的脚本语言等。像 Perl 语言一样，Python 源代码同样遵循 GNU 通用公共许可协议(general public license, GPL)。现在 Python 是由一个核心开发团队在维护，但吉多·范罗苏姆仍然是 Python 的主要开发者，并决定着整个 Python 语言的发展方向。

1991 年，第一个 Python 编译器诞生，基于 C 语言实现，并能够调用 C 语言的库文件。后面经历版本的不断革新换代，2004 年的 2.4 版本诞生了目前最流行的 WEB 框架 Django，6 年后 Python 发展到 2.7 版本，这是目前为止在 2.x 版本中最新且较为广泛使用的版本。

Python 2.7 版本的诞生不同于以往 2.x 版本的垂直换代逻辑，它是 2.x 版本和 3.x 版本之间过渡的一个桥梁，以便最大程度上继承 3.x 版本的新特性，同时尽量保持对 2.x 版本的兼容性。从 2008 年 12 月 3 日 Python 3.0 发布后，Python 3.x 呈迅猛发展之势，版本更新活跃，一直发展到现在最新的 3.9 版本并且还在持续更新中。

Python 3.x 版本的优势主要有：Python 3.x 库中 print 是函数，使用起来更加方便；Python 3.x 版本默认使用 UNICODE 编码，解决了之前常见的中文乱码问题。

官方已宣布在 2020 年之后不再支持 Python 2.x 系列中使用最多的 2.7 版本，所以建议初学者从 Python 3.x 开始学习。

## 2.3 Python 的优缺点

“优雅、明确、简单”，这是 Python 编程和设计的指导原则。Python 以简单、易学、高效著称，其具有简单的说明文档，初学者容易入门，学习成本低。但随着学习的不断深入，Python 一样可以胜任复杂场景的开发需求。Python 的哲学就是简单优雅，尽量写容易看明白的代码，尽量少些代码。它的优点如下：

(1) 开发效率高。Python 作为一门高级语言，具有丰富的第三方库，包括机器学习、大数据分析、图像处理、语音识别等功能。标准库中也有相应的功能模块支持，覆盖了网络、文件、GUI、数据库、文本等大量内容。因此开发者遇到主流的功能需求时可以直接调用库，在基础库的基础上施展拳脚，可以节省很多时间成本，这大大降低了开发周期。

(2) 无须关注细节。Python 作为一种高级语言，在编程时无须关注底层细节(如内存管理等)。

(3) 功能强大。Python 是一种前端后端通吃的综合性语言，功能强大，PHP 能胜任的角色它都能做。至于后端如何胜任，需要在后续的学习中逐步领悟。

(4) 可移植性。Python 可以在多种主流的平台上运行，开发程序时只要绕开对系统的依赖性，就可以在无须修改的前提下运行在多种系统平台上。

(5) 易于学习。Python 有相对较少的关键字，结构简单，和一个明确定义的语法，学习起来更加简单。

(6) 易于维护。Python 的成功在于它的源代码是相当容易维护的。

(7) 互动模式。你可以从终端输入执行代码并获得结果的语言、互动的测试和调试代码片断。

(8) 可扩展。如果你需要一段运行很快的关键代码，或者是想要编写一些不愿开放的算法，可以使用 C 或 C++完成那部分程序，然后从 Python 程序中调用。

(9) 数据库。Python 提供所有主要的商业数据库的接口。

(10) GUI 编程。Python 支持 GUI 可以创建和移植到许多系统调用。

(11) 可嵌入。Python 可以嵌入 C/C++程序，让程序的用户获得“脚本化”的能力。

Python 也存在一些缺点，例如代码运行速度慢就是它的一大弊端。因为 Python 是一种高级语言，不像 C 语言一样可以深入底层硬件最大限度地利用硬件的性能，因此它的运行速度要远远慢于 C 语言；Python 是解释型语言，我们的代码在执行时会一行一行地翻译成 CPU 能理解的机器代码，这个翻译过程比较耗时，所以很慢。而 C 程序时运行前直接编译成 CPU 能够执行的机器码，所以非常快。

需要注意的是，这种慢对于不需要追求硬件高性能的应用场合来说，根本不是问题。因为它们比较的数量级并不是用户能够直观感受到的，比如开发一个网络下载器，C 程序的运行时间需要 0.001s，而 Python 程序的运行时间需要 0.1s，时间长了 100 倍，但由于网络的延时产生的等待时间约为 1s，用户的体验几乎没有差别，除非使用精确的计时器来计时。

在发布程序时必须公开源代码。Python 是一门解释型语言，没有编译打包的过程。这个缺点仅限于我们想单纯靠卖软件产品挣钱的时候，但在当前这个大数据时代，不靠卖产品本身来赚钱的商业模式越来越成为主流了，所以这已经不是什么大问题了。

## 2.4 Python 的应用领域

尽管今天 PHP 依然是 Web 开发的流行语言，但 Python 上升势头更加强劲。随着 Python 的 Web 开发框架逐渐成熟，可以快速地开发功能强大的 Web 应用。Python 常见的应用领域如下：

(1) 云计算开发。Python 是云计算领域最火的语言，典型代表有 OpenStack。

(2) Web 开发。众多优秀的 Web 框架、Web 站点均基于 Python 开发。

(3) 系统运维。各种自动化工具的开发，CMDB、监控告警系统、堡垒机、配置管理和批量分发工具等均可以搞定。

(4) 科学计算、人工智能。围棋大战的谷歌阿尔法狗部分功能使用了 Python。

(5) 网络爬虫。能够编写网络爬虫的编程语言有很多，但 Python 绝对是其中的主流之一。Python 自带的 urllib 库、第三方的 requests 库和 Scrappy 框架让开发爬虫变得非常容易。

以下是来自几个互联网公司的应用案例：

(1) 谷歌(Google)：Google appengine、google earth、爬虫、广告等。

(2) 油管(YouTube)：世界最大的在线视频网站基于 Python 开发。

(3) 照片墙(Instagram)：美国最大的图片分享网站，全部基于 Python 开发。

(4) 脸谱网(Facebook)：大量的基础库基于 Python 开发。

(5) 红帽(Redhat)：yum 包管理工具基于 Python 开发。

国内互联网公司，如豆瓣、知乎、阿里巴巴、腾讯、百度、搜狐、网易等，都通过 Python 来完成各种任务。

## 2.5 Python 的环境搭建

Python 不仅可应用于 Windows 操作系统，同样可用于多平台，包括 Linux 和 MacOSX，也可以移植到 Java 和.NET 虚拟机上。Solaris、Linux、FreeBSD、AIX、HP/UX、SunOS、IRIX 等以 Windows 操作系统为例，用户可以通过终端窗口输入"python"命令来查看本地是否已经安装 Python 及 Python 的安装版本。(Python 官网为 http://www.python.org/。)

Python 已经被移植在许多平台上使用，在不同平台上安装 Python 的方法主要有以下几种。

**1. 在 UNIX&Linux 平台上安装 Python**

第一步　打开 Web 浏览器访问 http://www.python.org/download/。

第二步　选择适用于 Unix/Linux 的源码压缩包，并下载及解压该压缩包。

执行以上操作后，Python 会被安装在/usr/local/bin 目录中，Python 库安装在/usr/local/lib/pythonXX，XX 为你使用的 Python 的版本号。

**2. 在 Windows 平台上安装 Python**

(1) 打开 Web 浏览器访问 http://www.python.org/download/。

(2) 在下载列表中选择 Windows 平台安装包，包格式为：python-XYZ.msi 文件，XYZ 为安装的版本号。

(3) 要使用安装程序 python-XYZ.msi，Windows 系统必须支持 Microsoft Installer2.0 搭配使用。只要把安装文件保存到本地计算机，然后运行它，看看你的机器支持 MSI。WindowsXP 和更高版本已经有 MSI，很多老机器也可以安装 MSI。

(4) 下载后，双击下载包，进入 Python 安装向导，安装非常简单，你只需要使用默认的设置一直单击“下一步”，直到安装完成即可。

## 2.6 运行 Python

Python 是一种解释型的脚本编程语言，它提供了三种模式来运行 Python 程序：一是交互式解释器；二是命令行脚本；三是集成开发环境。

### 2.6.1 交互式解释器

用户可以通过命令行窗口进入 Python 并在交互式解释器中开始编写 Python 代码。在命令行窗口中直接输入代码，按下回车键就可以运行代码，并立即看到输出结果；执行完一行代码，还可以继续输入下一行代码，再次回车并查看结果，整个过程就好像在和计算机对话，所以称为交互式编程。可以在 Unix、DOS 或任何其他提供了命令行或者 shell

的系统中进行 Python 编码工作。

### 2.6.2 命令行脚本

在应用程序中通过引入解释器可以在命令行中执行 Python 脚本，这也是最常用的一种编程方式，即将代码以文件的形式编写存储，让后交由解释器，编译运行。在后面的章节会详细学习。

### 2.6.3 集成开发环境

集成开发环境（integrated development environment，IDE）是用于提供程序开发环境的应用程序，集成了代码编写功能、分析功能、编译功能、调试功能等一体化的开发软件服务套，所有具备这一特性的软件或者软件套都可以叫作集成开发环境。IDE 提供了友好的图形用户界面（GUI）环境，可被用于开发由各种编程语言编写的应用软件。

对于 Python 语言的开发，事实上，在安装好 Python 软件后，计算机上已经有了一款 IDE，那就是 Python 自带的交互式解释器，可以在计算机的开始菜单栏 Python 文件夹中找到它的启动图标（见图 2-1）。

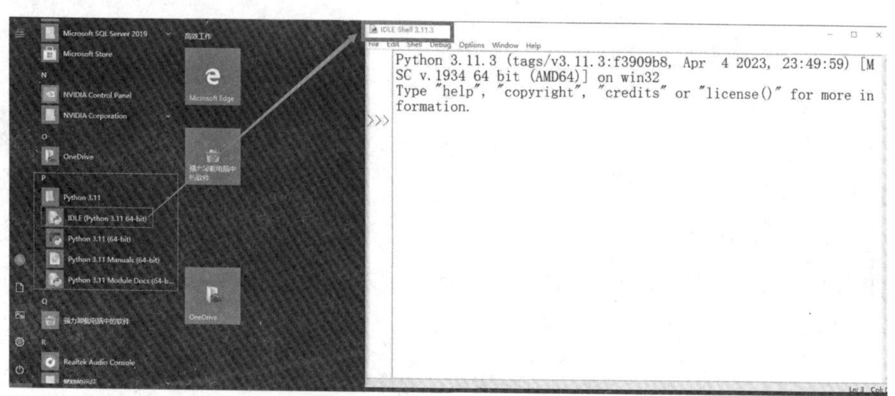


图 2-1 Python shell 示意图

Python shell 可以用来编写及运行 Python 代码，相较于其他 IDE 提供的功能要简单许多，可以作为入门者学习使用，适合开发简单的小程序，但不适合实际的工程开发以及大型工程文件的管理及开发。下面推荐几款常用的 Python 语言开发的 IDE，它们提供了更多的功能，能帮助开发者提高 Python 开发的效率。

1) Visual Studio Code

Visual Studio Code（以下简称“VS Code”）是由微软公司开发的代码工程编辑器，它是一款现代化开源的、免费的、跨平台的、高性能的、轻量级的代码编辑器。VS Code 功能强大，支持几乎所有主流开发语言的语法高亮、智能代码补全、自定义热键、括号匹配、代码片段等特性，并针对网页开发和云端应用开发做了优化。通俗地讲，它是一款超级的文本编辑器。

VS Code 配置完成后的环境是可以直接进行可视化的调试，它的下载地址是 https://code.visualstudio.com/。打开后可以选择自己的操作系统，如 Windows、macOS 或 Linux，如图 2－2 所示。

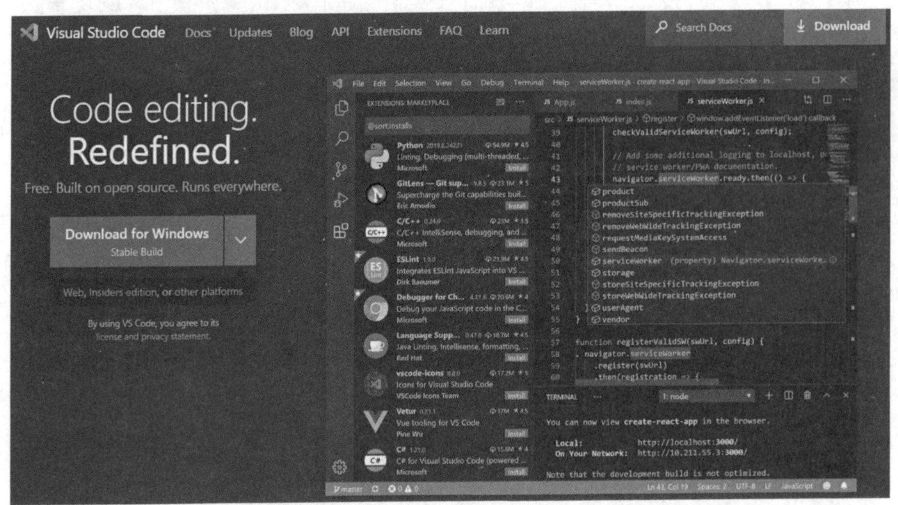


图 2－2　VS Code 示意图

2）Eclipse

Eclipse 也是一个著名的跨平台 IDE（见图 2－3），它同样拥有丰富的插件和扩展功能市场。Eclipse 本身只是一个框架平台，但是支持众多插件的使用，使得 Eclipse 拥有较佳的灵活性，所以许多软件开发商以 Eclipse 为框架开发自己的 IDE。现在我们可以通过插件使其作为 C＋＋、Python、PHP 等其他语言的开发工具。PyDev 是 Eclipse 中的一个插件，它支持 Python 调试、代码补全和交互式 Python 控制台。在 Eclipse 中安装 PyDev 非常便捷，只需从 Eclipse 中选择“Help”单击“Eclipse Marketplace”，然后搜索 PyDev。单击安装，必要的时候重启 Eclipse 即可。所以如果已经安装了 Eclipse，那么再安装 PyDev 是非常快捷的。Eclipse 的下载地址是 https://www.eclipse.org/。

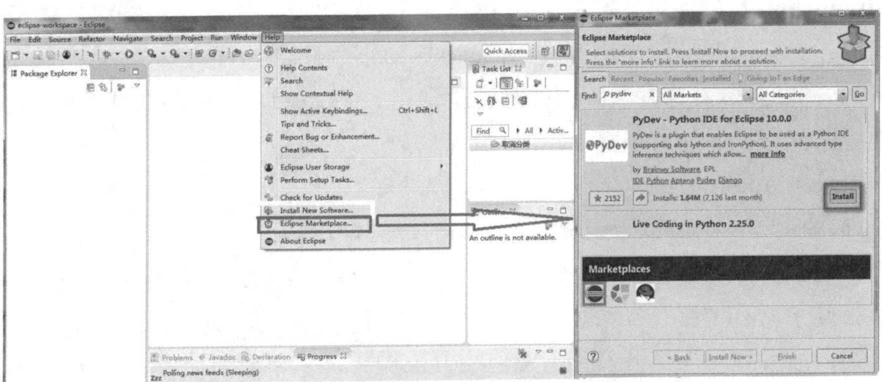


图 2－3　Eclipse 软件示意图

3）Vim 编辑器

Vim 是高级文本编辑器，在 Python 开发者社区中很受欢迎。它是一个开源软件并遵循 GPL 协议，可以免费使用。Vim 经过正确地配置后，可以成为一个全功能的 Python 开发环境。此外 Vim 还是一个轻量级、模块化、快速响应的工具，但在初始化配置时，需要安装一些 Vim 的插件，这将需要花一定的时间。

为了让 Vim 支持 Python，需要安装 Vim 的 Python 支持插件。这个插件的安装非常简单，只需要使用 Vim 的包管理器进行安装即可。在 Vim 中输入以下命令即可安装：

```
'''
:packadd python
'''
```

安装完毕后，就可以使用 Vim 来编写 Python 代码了。

在使用 Vim 编写 Python 代码时，需要配置 Python 解释器。这个配置步骤也非常简单，只需要在 Vim 的配置文件中添加以下代码即可：

```
'''
let g:python3_host_prog = '/usr/bin/python3'
'''
```

这里的路径需要根据 Python 的安装路径进行设置。

除了基本的 Python 支持插件外，Vim 还有很多其他的插件可以用来增强 Python 的开发体验。下面列举几个常用的 Python 插件：

（1）jedi-vim：可以提供 Python 代码的自动补全和语法检查功能。

（2）vim-python-pep8-indent：可以自动对 Python 代码进行 PEP8 风格的缩进。

（3）NERDTree：可以提供一个类似于文件管理器的界面，方便浏览和切换 Python 文件。

以上插件都可以使用 Vim 的包管理器进行安装。

除了 Vim 自身的插件外，还可以结合 Python 的其他工具来增强 Vim 的功能。例如，可以使用 Python 的虚拟环境来管理 Python 库的依赖关系。这样可以避免不同项目之间的依赖冲突。还可以使用 Python 的包管理工具 pip 来安装和管理 Python 库。

综上所述，Vim 支持 Python 的方法有很多。可以通过安装插件、配置解释器、使用 Python 插件进行 Python 调试，并结合 Python 的其他工具来增强 Vim 的 Python 开发体验。

4）Sublime Text 编辑器

Sublime Text 是开发者中最流行的编辑器之一，它拥有很多功能，并支持多种语言，而且在开发者社区中非常受欢迎。Sublime Text 有自己的包管理器，开发者可以用它来安装组件、插件和额外的样式，所有这些都能提升你的编码体验。它的下载地址是 https://www.sublimetext.com/。因为 Sublime Text 可以安装到不同的平台，这里我们进入官网下载页面后，单击 Windows，下载 Windows 平台上可用的 Sublime Text 安装包即可（见图 2－4）。

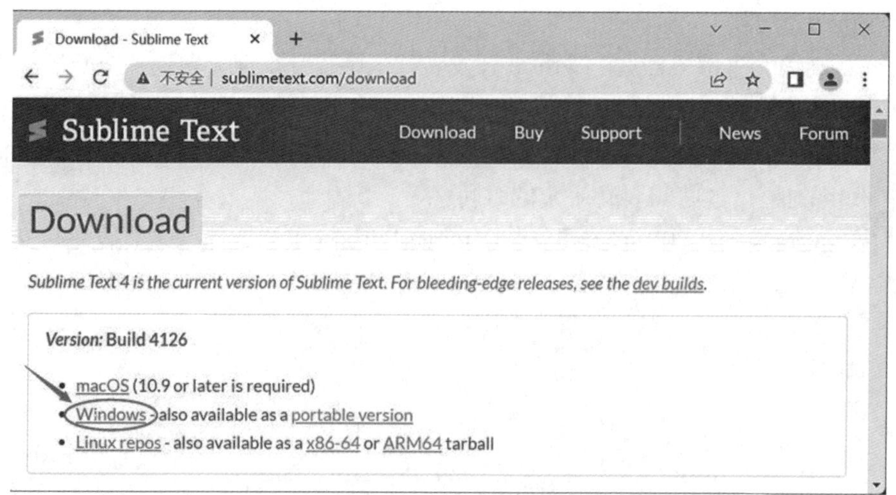


图 2-4　Sublime Text 软件下载示意图

5）Emacs 编辑器

Emacs 有属于自己的生态系统，是一个可扩展的并能高度定制的 GNU 文本编辑器。Emacs 可以配置为一个全功能的、免费的 Python 集成开发环境，它在 Python 开发中很受欢迎，通过 Python-mode 提供了开箱即用的 Python。Emacs 可以通过额外的扩展包来增加更多的高级功能，其核心是 Emacs Lisp 解析器。如果你已经使用过 Vim，可以尝试一下 Emacs。

6）PyCharm

PyCharm 是 JetBrains 公司开发的一种 Python IDE，它是目前应用最为广泛的一款 IDE，可以进入它的官网下载安装，网址为 https://www.jetbrains.com/pycharm/，如图 2-5 所示。建议初学者选择免费的社区版即可。

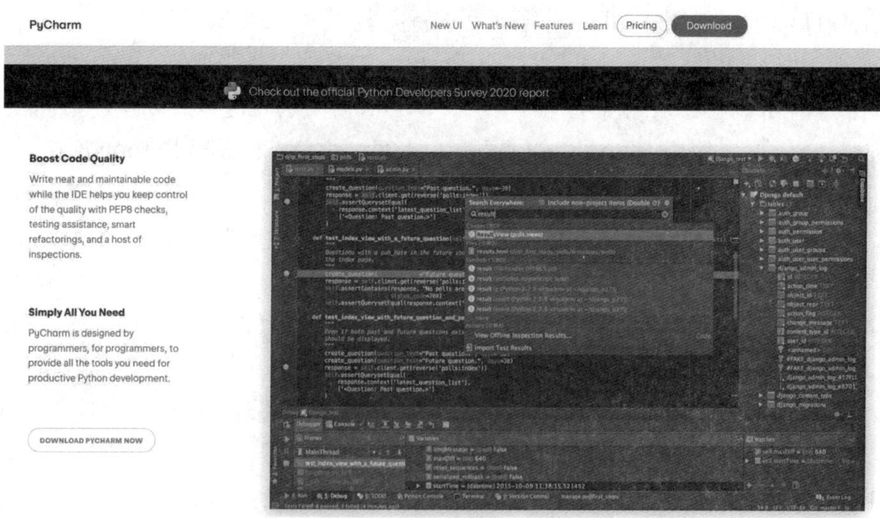


图 2-5　PyCharm 软件官网示意图

PyCharm 的优点如下：

(1) PyCharm 提供了强大的代码编辑功能，包括代码自动补全、代码导航、代码重构等。这些功能使得开发人员能够更快地编写高质量的代码，从而提高了开发效率和代码质量。

(2) PyCharm 内置了许多实用工具，如调试器、测试工具、版本控制工具等。这些工具使得开发人员能够更轻松地调试代码、编写测试用例和管理代码版本，从而降低了开发成本和维护成本。

(3) PyCharm 支持各种 Python 框架和库，如 Django、Flask、NumPy、SciPy 等。这些框架和库是 Python 开发中不可或缺的一部分，使用 PyCharm 可以使开发人员更轻松地使用它们，从而加速了应用程序的开发。

(4) PyCharm 还提供了强大的代码分析功能。它可以分析代码并提供有关代码中错误、警告和代码质量问题的提示。这些提示使开发人员能够更快地找到并解决代码中的问题，从而提高了代码质量。

(5) PyCharm 具有良好的扩展性，可以通过安装各种插件来扩展其功能。这些插件可以为开发人员提供更多的功能和工具，从而更好地满足他们的需求。

总之，使用 PyCharm 进行 Python 开发具有许多优点。它可以使开发人员更高效地编写代码，提高代码质量和可维护性，并且支持各种 Python 框架和库。

7) Wing

Wing 是一款专为 Python 设计，方便开发人员更快地完成项目的软件(见图 2-6)。Wing 的优点如下：

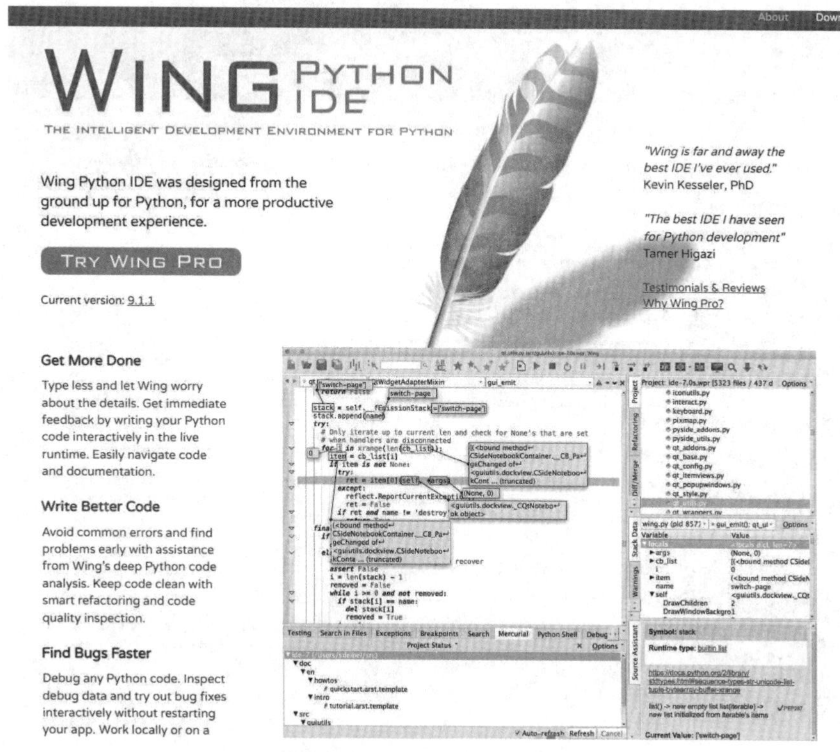


图 2-6 Wing 软件官网示意图

（1）智能编辑器。Wing 的编辑器可以通过适合上下文的自动完成和文档、内联错误检测、代码质量分析、调用辅助、自动编辑、重构、代码折叠、多选、可定制的代码片段等来加速交互式 Python 开发。同时它还可以模拟 vi、emacs、Eclipse、Visual Studio、XCode 和 MATLAB。

（2）强大的调试器。可以轻松地修复错误并以交互方式编写新的 Python 代码。使用条件断点来隔离问题，然后单步调试代码、检查数据、使用调试控制台的命令行尝试错误修复、观察值并递归调试。可以调试从 IDE 启动、托管在 Web 框架中、从嵌入式 Python 实例调用或在远程主机、VM、容器或集群上运行的多进程和多线程代码。

（3）远程开发。Wing 的快速配置远程开发支持将 Wing 的所有功能无缝且安全地提供给在远程主机、VM、容器或集群上运行的 Python 代码。远程开发可以在运行 macOS 和 Linux 的主机上进行，包括由 Docker、Docker Compose、AWS、Vagrant、WSL、Raspberry Pi 和 LXC/LXD 托管的主机。Wing 也支持测试驱动开发，集成了单元测试，nose 和 Django 框架的执行和调试功能。WingIDE 启动和运行的速度都非常快，支持 Windows，Linux 和 OSX。它的官网下载地址为 http://wingware.com/。

8）The Eric Python IDE

Eric 是一个自由的软件集成开发环境，主要为开发 Python 和 Ruby 语言编写的程序而设计。用户可以进入官网，单击下载按钮进行软件的安装（见图 2－7）。Eric 基于跨平台的 GUI 工具包 Qt，集成了高度灵活的 Scintilla 编辑器控件。Eric 包括一个插件系统，允许简单地对 IDE 进行功能性扩展。

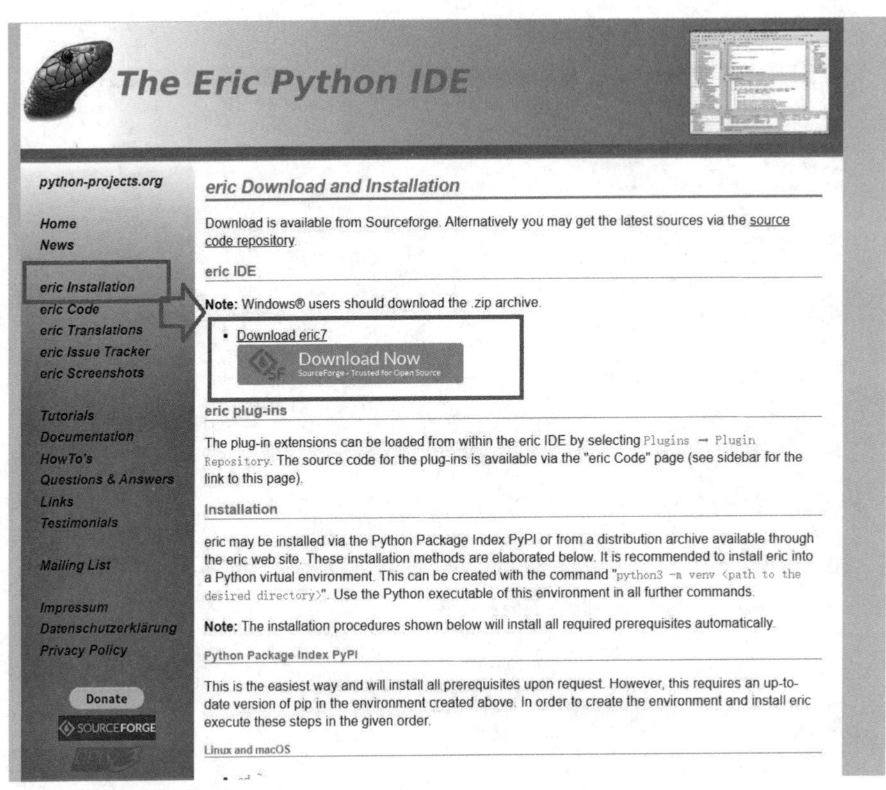


图 2－7　Eric 官网下载示意图

9）Spyder

Spyder是一款为了数据科学工作流做了优化的开源Python集成开发环境。和其他的Python开发环境相比，它最大的优点就是可以模仿MATLAB的“工作空间”功能，很方便地观察和修改数组的值。下载地址是https://github.com/spyder-idelspyder。

Spyder引人注目的一点是其很好地集成了一些诸如SciPy、NumPy和Matplotlib等公共的Python数据科学库。如图2-8所示，展示了它的工作界面以及强大的画图功能。

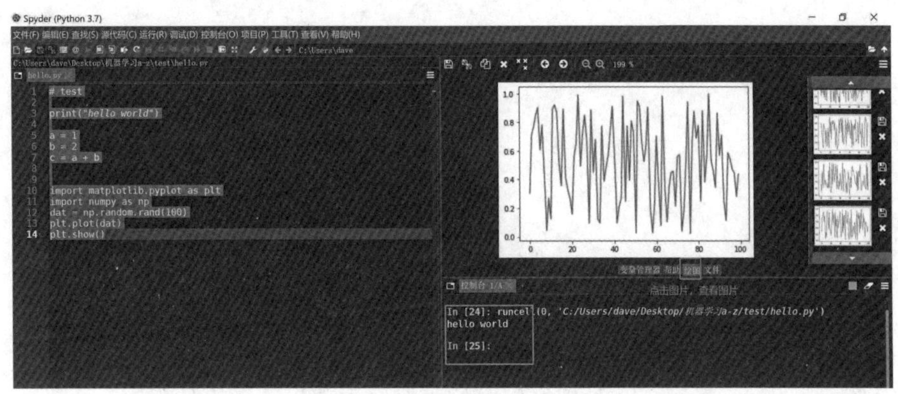


图2-8　Spyder软件工作示意图

Spyder拥有大部分集成开发环境应该具备的功能，例如具备强大语法高亮功能的代码编辑器、Python代码补全，甚至是集成文件浏览器。Spyder关于IPython或者说Jupyter的集成也做得非常好。关于Spyder比较优秀的一点是它兼容Windows、macOS和Linux系统，并且是一个完全开源软件。

以上这些IDE可以根据自身需要结合应用场景自由选择，推荐初学者从Python自带的交互式解释器入手，掌握了基本的语法规则后再尝试用以上推荐的IDE进行大型工程的开发。本书所有的代码示例均在Python自带的交互式解释器（Python shell）上进行。

# 第3章 Python 基础语法

## 3.1 第一个 Python 程序

### 3.1.1 交互式编程

在你已了解所有技术细节后，就可以开始享受 Python 的乐趣了。最终的目标是让计算机按我们的要求办事。为此，我们将编写控制机器内部计算过程的程序。

计算机内部的计算过程就像一些魔法精灵，我们可以利用它们为我们工作。但是这些精灵只能理解一种非常神秘的语言。我们需要一个友好的小仙子，能指导这些精灵实现我们的愿望，小仙子就是一个 Python 解释器。我们可以向 Python 解释器发出指令，执行任务。我们通过一种特殊的语言，即 Python 语言，也就是我们说的编程语言，与小仙子沟通。

交互式编程不需要创建脚本文件，是通过 Python 解释器的交互模式进来编写代码。对于初学者，可以用交互模式启动 Python 解释器，这称为 shell。shell 允许你输入 Python 命令，然后显示执行结果。启动 shell 的具体细节因不同安装而异，如果你使用来自 www.Python.org 的 PC 或 Mac 的标准 Python 发行版，有一个名为 IDLE 的应用程序，它提供了 Python shell，正如我们稍后会看到，它还可以帮助你创建和编辑自己的 Python 程序(见图 3-1)。

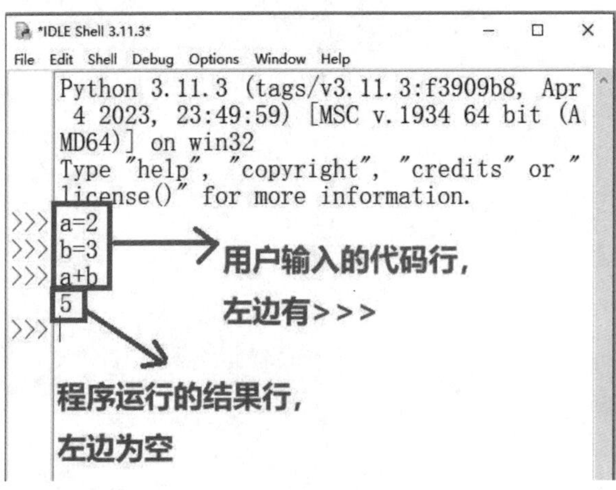


图 3-1 Python shell 示意图

在第一次启动 IDLE(或另一个 Python shell)时,你会看到如下信息:

```
Python3.4.3(v3.4.3:9b73f1c3e601, Feb242015, 22:43:06)[MSCv.160032bit (Intel)]on win32
Type"copyright", "credits"or"license()"for more information.
>>>
```

确切的启动消息取决于你正在运行的 Python 版本和正在使用的系统。

“>>>”是一个 Python 提示符,表示 Python 解释器正在等待我们给它一个命令。在编程语言中,一个完整的命令称为语句。下面是与 Python shell 交互的代码示例:

```
>>>print("Hello, World!")
Hello, World!
>>>print(2+3)
5
>>>print("2+3=",2+3)
2+3=5
```

在上面的代码中,我尝试了三个使用 Python 的 print 语句的例子。第一个 print 语句要求 Python 显示文本短语 Hello, World!,Python 在下一行做出响应,打印出该短语;第二个 print 语句要求 Python 打印 2 与 3 之和;第三个 print 结合了这两个想法。Python 打印出引号中的部分“2+3=”,然后是 2+3 的结果,即 5。

这种 shell 交互是在 Python 中尝试新体验的好方法。交互式会话的片段散布在本书中,如果在示例中看到 Python 提示符“>>>”,这就告诉你正在展示交互式会话。启动自己的 Python shell 并尝试这些例子,是一个好主意。

通常,我们希望超越单行的代码片段,并执行整个语句序列。Python 允许将一系列语句放在一起,创建一个全新的命令或函数。创建了一个名为“hello”新函数的代码如下:

```
>>>def hello():
        print("Hello")
        print("Computers are fun!")

>>>
```

第一行告诉 Python,我们正在定义一个新函数,命名为 hello。接下来两行缩进,表明它们是 hello 函数的一部分。最后的空白行(通过按两次“Enter”键获得)让 Python 知道定义已完成,并且 shell 用另一个提示符进行响应。注意,输入定义并不会导致 Python 打印任何东西。我们告诉 Python,当 hello 函数用作命令时应该发生什么,但实际上并没有要求 Python 执行它。

输入函数名称并跟上括号，函数就被调用了。下面练习 hello 命令，代码如下。

```
>>>hello()
Hello
Computers are fun!
>>>
```

可以看到 hello 函数定义中的两个 print 语句按顺序执行了。

你可能对定义中的括号和 hello 的使用感到好奇。命令可以有可变部分，称为参数（也称为变元），放在括号中。让我们看一个使用参数、自定义问候语的例子。先进行定义，代码如下。

```
>>>def greet(person):
        print("Hello",person)
        print("How are you?")
```

接下来，使用定制的问候，代码如下。

```
>>>greet("John")
Hello John
How are you?
>>>greet("Emily")
Hello Emily
How are you?
>>>
```

在使用 greet 时，我们可以发送不同的名称，从而自定义结果。你可能也注意到，这看起来类似于之前的 print 语句。在 Python 中，print 是一个内置函数的例子。当我们调用 print 函数时，括号中的参数告诉函数要打印什么。

在执行一个函数时，括号必须包含在函数名之后。即使没有给出参数也是如此。将函数交互式地输入到 Python shell 中，像 hello 和 greet 示例那样，这存在一个问题：当我们退出 shell 时，定义会丢失。如果我们下次希望再次使用它们，必须重新输入。程序的创建通常是将定义写入独立的文件，这称为模块或脚本。通过脚本参数调用解释器开始执行脚本，直到脚本执行完毕。当脚本执行完成后，解释器不再有效。

编写并运行一个完整的程序，如图 3－2 所示的一个文本编辑页面。用户通过选择 File|New File 菜单选项打开一个空白（非 shell）窗口，然后便可以在其中输入程序。

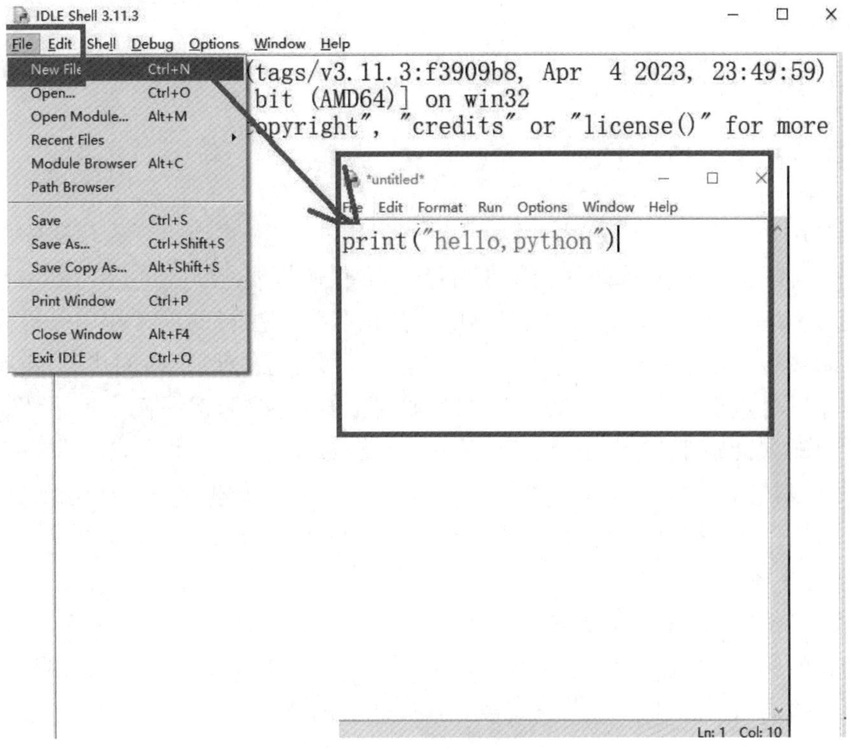


图 3－2　文本编辑界面 1

单击 Python shell 界面框的 File 按钮，弹出如图 3－2 所示的文本编写界面，输入代码 print("Hello, Python!")；

单击图 3－3 所示的 File|Save 按键，即可保存该文件，所有 Python 文件都是以.py 为扩展名的。一旦我们将一个程序保存在这样的脚本文件中，就可以随时运行它。

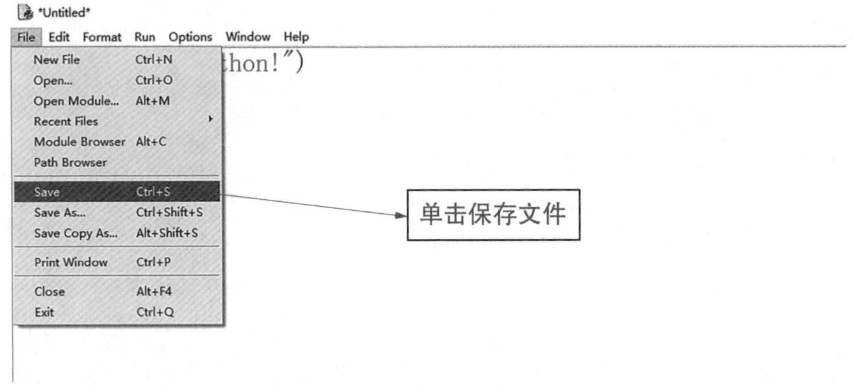


图 3－3　文本编辑界面 2

程序能以许多不同的方式运行，这取决于使用的实际操作系统和编程环境。使用 IDE 时，只需从窗口菜单中选择 Run|Run Module，即可运行程序，按下“F5”键是该操作

的方便快捷方式。

### 3.1.2 Python 程序风格

注释和缩进是 Python 语言的两个显著风格，以下分别对它们进行介绍。

**1. 注释**

注释是用来向用户提示或解释某些代码的作用和功能，可以出现在代码中的任何位置。Python 解释器在执行代码时会忽略注释，不做任何处理，就好像它不存在一样。在调试程序的过程中，注释还可以用来临时移除无用的代码。注释的最大作用是提高程序的可读性。很多程序员宁愿自己去开发一个应用，也不愿意去修改别人的代码，没有合理的注释是其中一个重要的原因。虽然良好的代码可以自成文档，但我们永远不清楚今后阅读这段代码的人会是谁，他是否和你有相同的思路；或者在一段时间以后，你自己也不清楚当时写这段代码的目的了。在一般情况下，合理的代码注释应该占源代码的 1/3 左右。

Python 支持两种类型的注释，分别是单行注释和多行注释。

1）单行注释

单行注释使用“#”作为单行注释的符号，语法格式：# 注释内容。从 # 开始，直到这行结束为止的所有内容都是注释。Python 解释器遇到 # 时，会忽略它后面的整行内容。在说明单行代码的功能时，一般将注释放在代码的右侧，例如：

```
print( 36.7 * 14.5)   #输出乘积
print(100 % 7)   #输出余数
```

2）多行注释

多行注释是指一次性注释程序中多行的内容（包含一行）。Python 使用三个连续的单引号'''或者三个连续的双引号"""注释多行内容，具体格式如下：

```
'''
使用 3 个单引号分别作为注释的开头和结尾
可以一次性注释多行内容
这里面的内容全部是注释内容
'''
```

或者

```
"""
使用 3 个双引号分别作为注释的开头和结尾
可以一次性注释多行内容
这里面的内容全部是注释内容
"""
```

多行注释通常用来为 Python 文件、模块、类或者函数等添加版权或者功能描述信息。以下几点需要大家特别注意：

（1）Python 多行注释不支持嵌套，所以下面的写法是错误的。

```
'''
外层注释
    '''
    内层注释
    '''
'''
```

（2）不管是多行注释还是单行注释，当注释符作为字符串的一部分出现时，就不能再将它们视为注释标记，而应该看作正常代码的一部分，例如：

```
print("#是单行注释的开始")
```

运行结果：

```
#是单行注释的开始
```

对于这行代码，Python 也没有将“#”看作单行注释，而是将它看作字符串的一部分。

给代码添加说明是注释的基本作用，除此以外它还有另外一个实用的功能，就是用来调试程序。举个例子，如果你觉得某段代码可能有问题，可以先把这段代码注释起来，让 Python 解释器忽略这段代码，然后再运行。如果程序可以正常执行，则可以说明错误就是由这段代码引起的；反之，如果依然出现相同的错误，则可以说明错误不是由这段代码引起的。在调试程序的过程中使用注释可以缩小错误所在的范围，从而提高调试程序的效率。

**2. 缩进**

与其他程序设计语言（如 Java、C 语言）采用大括号“{}”分隔代码块不同，Python 采用代码缩进和冒号（:）来区分代码块之间的层次。在 Python 中，对于类定义、函数定义、流程控制语句、异常处理语句等行尾的冒号和下一行的缩进，表示下一个代码块的开始，而缩进的结束则表示此代码块的结束。

在 Python 中实现对代码的缩进，可以使用空格或者“Tab”键实现。但无论是手动敲空格，还是使用“Tab”键，通常情况下都是采用 4 个空格长度作为 1 个缩进量（默认情况下，1 个“Tab”键就表示 4 个空格）。

Python 对代码的缩进要求非常严格，同一个级别代码块的缩进量必须一样，否则解释器会报 SyntaxError（语法错误）。总的来说，Python 要求属于同一作用域中的各行代码，它们的缩进量必须一致，但具体缩进量为多少，并不做硬性规定。

在 IDLE 开发环境中，默认是以 4 个空格作为代码的基本缩进单位。不过，这个值是可以手动改变的，在菜单栏中选择 Options->Configure，会弹出对话框，如图 3－4 所示。

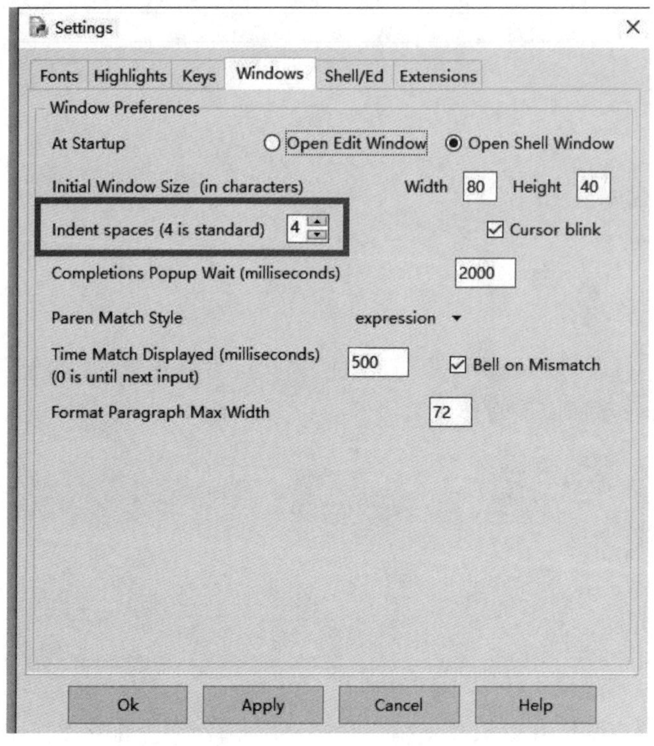


图 3－4 对话框

如图 3－4 所示，通过拖动滑块，即可改变默认的代码缩进量，例如拖动至 2，则当你使用“Tab”键设置代码缩进量时，会发现按一次“Tab”键，代码缩进 2 个空格的长度。

## 3.2 输入和输出

接下来我们一起学习第一个 Python 函数“print”。

print 函数的用法：print()；它的功能是打印括号中的内容。

第一种：不带引号，让计算机读懂括号里的内容，打印最终的结果。

```
>>>print(123)
```

第二种：带单引号，计算机无须理解，原样复述引号中的内容。

```
>>>print('自由、平等、公正、法治')
```

第三种：带双引号，作用和单引号一样；当打印内容中有单引号时，可以使用双引号。

```
>>>print("爱国、敬业、诚信、友善")
```

如果需要打印单引号或者双引号，可以使用转义字符来实现，代码如下。

```
>>>print('we\'re young')
    We're young
```

常用的转义字符的意义如表 3-1 所示。

**表 3-1　常用转义字符的意义**

| 转义字符 | 意　义 |
|---|---|
| \a | 响铃(BEL) |
| \b | 退格(BS)，将当前位置移到前一列 |
| \f | 换页(FF)，将当前位置移到下页开头 |
| \n | 换行(LF)，将当前位置移到下一行开头 |
| \r | 回车(CR)，将当前位置移到本行开头 |
| \t | 水平制表(HT)(跳到下一个 TAB 位置) |
| \v | 垂直制表(VT) |
| \\ | 代表一个反斜杠字符"\" |
| \' | 代表一个单引号(撇号)字符 |
| \" | 代表一个双引号字符 |
| \? | 代表一个问号 |
| \0 | 空字符(NUL) |
| \ddd | 1 到 3 位八进制所代表的任意字符 |
| \xhh | 1 到 2 位十六进制所代表的任意字符 |
| 注意：区分斜杠"/"和反斜杠"\"，此处不可互换。 | |

另一个与之对应的是输入函数 input。

input 函数的用法：input()；

它的功能是通过键盘得到用户输入，收集信息。例如：

```
>>>name=input('请输入你的名字：　')
```

上述这句话实现了使用变量赋值来获取输入的信息的功能，计算机将会把用户通过键盘输入的信息赋值给名为 name 的变量。

# 3.3 变　量

## 3.3.1 变量的定义

在计算机系统中，变量是指存储在内存中的数据，每创建一个变量就会在系统中开辟一个内存空间供其使用。目前不需要了解创建的变量如何在内存中存储，只要知道 $i=1$ 这是一个变量赋值语句，其中 $i$ 是变量名，这个变量代表 1，中间的等号是赋值运算符。

## 3.3.2 变量命名规则

在定义变量名称的时候，用户需要遵循以下的几个规则：

(1) 可以使用大小写英文、数字和“_”的任意结合或者是仅使用三者中的任意一种，但是不能用数字开头；Python 语言同样支持使用中文作为变量名，特别说明，这个在其他编程语言中是不被允许的，因此除非特殊应用，我们并不提倡使用中文名称定义变量。

(2) 系统关键词和函数名不能用作变量名，如果想要获取关键字列表，可以在命令行中输入命令，查看关键词列表，用以检查自己的变量命名是否合规。代码如下：

```
help('keywords')
```

执行上述命令会输出如下结果：

```
Here is a list of the Python keywords. Enter any keyword to get more help.
False       class       from        or
None        continue    global      pass
True        def         if          raise
and         del         import      return
as          elif        in          try
assert      else        is          while
async       except      lambda      with
await       finally     nonlocal    yield
break       for         not
```

(3) Python 中的变量名区分大小写。

(4) 变量名不能包含空格，但可使用下画线来分隔其中的单词。

(5) 变量名应尽量描述包含的数据内容，通俗易懂，一个有意义的命名是被提倡的；通常建议以内容的英文名作为变量名称，在 Python 中以拼音和汉语命名的变量名也是合法的，但是并不推荐。示例代码如下。

```
>>>number=1234
>>>country='中国'
>>>list_city=['嘉兴','延安','南昌','井冈山','遵义','西柏坡']
```

以上 number,country,list_city 都是变量名。Python 内置函数列表如表 3-2 所示。

**表 3-2 Python 内置函数列表**

| Python 内置函数类型 | | | | |
|---|---|---|---|---|
| abs() | delattr() | hash() | memoryview() | set() |
| all() | dict() | help() | min() | setattr() |
| any() | dir() | hex() | next() | slice() |
| ascii() | divmod() | id() | object() | sorted() |
| bin() | enumerate() | input() | oct() | staticmethod() |
| bool() | eval() | int() | open() | str() |
| breakpoint() | exec() | isinstance() | ord() | sum() |
| bytearray() | filter() | issubclass() | pow() | super() |
| bytes() | float() | iter() | print() | tuple() |
| callable() | format() | len() | property() | type() |
| chr() | frozenset() | list() | range() | vars() |
| classmethod() | getattr() | locals() | repr() | zip() |
| compile() | globals() | map() | reversed() | __import__() |
| complex() | hasattr() | max() | round() | |

### 3.3.3 变量赋值

Python 中的变量不需要声明,变量的赋值操作即是变量声明和定义的过程。每个变量在内存中创建,都包括变量的标识、名称和数据这些信息。每个变量在使用前都必须赋值,该变量在赋值以后才会被创建。等号(=)用来给变量赋值。$x=1$:编程中的等号不是等于的意思,是“赋值”的意思,意思是把 1 赋值给 $x$;$x=x+1$:这个语句是把 $x+1$ 之后的值再赋值给 $x$,此时 $x$ 的值为 2。

示例代码如下:

```
counter=100#赋值整型变量
miles=1000.0#浮点型
name="John"#字符串
print(counter)
```

```
print(miles)
print(name)
```

其中,100,1 000.0 和"John"分别是赋值给 counter,miles,name 的变量。执行以上程序会输出如下结果:

```
100
1000.0
John
```

Python 允许同时为多个变量赋值。例如,同时给多个变量赋予同一个内容:$a=b=c=100$;同时给多个变量赋予不同的内容:$a,b,c=1,2,3$。

示例代码如下:

```
a=b=c=1
```

该实例是指创建一个整型对象,值为 1,三个变量被分配到相同的内存空间上。

您也可以为多个对象指定多个变量。示例代码如下。

```
a,b,c=1,2,"john"
```

其中,两个整型对象 1 和 2 的分配给变量 a 和 b,字符串对象"john"分配给变量 $c$。

## 3.4 基本数据类型

Python 常见的数据类型包括整数、浮点数、复数、字符串、列表、字典、布尔值和元组等。

整数(integer):不带小数点的数字,(如−1、1、0、520、1 314)称为整数,整数是人类能够掌握的最基本的数字。

浮点数(float):浮点数包含非数字的小数点,小数点可以出现在数字中的任何位置。如运算结果存在误差:−0.15、3.141 5、1.0。

字符串(string):用引号括起来的序列(如'Python'、'123')都是字符串。引号可以是单引号、双引号、三引号。

列表(list):列表是一种有序的集合,可以随时增加或删除其中的元素。标识是中括号[ ]。

元组(tuple):元组是一种类似列表的数据类型,但是它的元素不能被修改。

字典(dice):使用键值对(key:value)作为存储方式。标识是花括号{ }。

布尔值(bool):布尔值表示真假的数据类型,只有两个值,True 和 False。

### 3.4.1　数字型

计算机刚开始主要被视为数字处理器,现在这仍然是计算机的一个重要应用。涉及数学公式的问题很容易转化为 Python 程序,在本章中,将仔细观察一些程序,它们的目的是执行数值计算,因此数字型数据是计算机中最常用的数据类型。

计算机程序存储和操作的信息通常称为“数据”。不同种类的数据以不同的方式存储和操作。对象的数据类型决定了它可以具有的值以及可以对它执行的操作。整数用“integer”数据类型(简写为“int”)表示。int 类型的值可以是正数或负数。具有小数部分的数字表示为“floating-point(浮点)”,即“float”值。简单来说,不包含小数点的数值字面量生成一个 int 值,但是具有小数点的字面量由 float 表示。

Python 还提供了一个特殊函数,名为 type,它告诉我们任何值的数据类型。int 和 float 主要的区别可通过代码与 Python 解释器交互,示例代码如下:

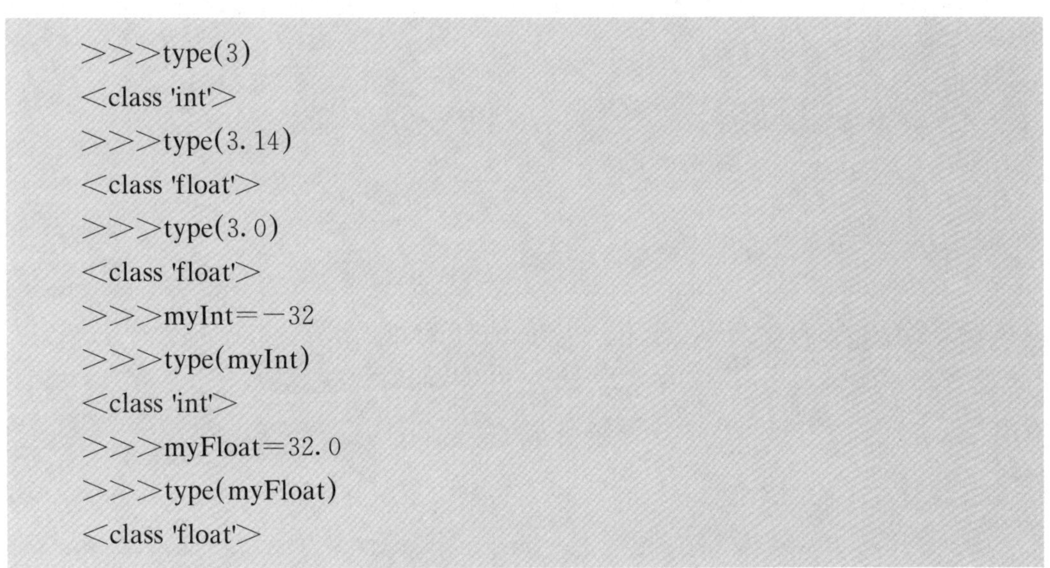

```
>>>type(3)
<class 'int'>
>>>type(3.14)
<class 'float'>
>>>type(3.0)
<class 'float'>
>>>myInt=-32
>>>type(myInt)
<class 'int'>
>>>myFloat=32.0
>>>type(myFloat)
<class 'float'>
```

int 和 float 之间的另一个区别是:float 浮点值并不精确,它只能表示对实数的近似;而 int 总是精确的,所以一般的经验法则为如果不需要小数值,就用 int。值的数据类型决定了可以使用的操作,表 3-3 总结了 Python 支持对数值的一般数学运算。

表 3-3　Python 内置的数值操作

| 操作符 | 名称 | 操作符 | 名称 |
|---|---|---|---|
| + | 加 | abs() | 绝对值 |
| - | 减 | // | 整数除 |
| * | 乘 | % | 取余 |
| / | 浮点除 | ** | 乘方 |

Python 交互的示例代码如下。

```
>>>3+4
7
>>>3.0+4.0
7.0
>>>3*4
12
>>>3.0*4.0
12.0
>>>4**3
64
>>>4.0**3
64.0
>>>4.0**3.0
64.0
>>>abs(5)
5
>>>abs(-3.5)
3.5
```

在大多数情况下，对 float 的操作产生 float，对 int 的操作产生 int。通常符号(/)用于“常规”除法，双斜线(//)用于表示整数除法。示例代码如下。

```
>>>10/3
3.3333333333333335
>>>10.0/3.0
3.3333333333333335
>>>10/5
2.0
>>>10//3
3
>>>10.0//3.0
3.0
>>>10%3
1
>>>10.0%3.0
1.0
```

其中,“/”操作符总是返回一个浮点数,常规除法通常产生分数结果,即使操作数可能是 int。Python 通过返回一个浮点数来满足这个要求。10/3 的结果最后有一个 5,因为浮点值总是近似值。

要获得返回整数结果的除法,可以使用整数除法运算“//”。整数除法总是产生一个整数。把整数除法看作 gozinta(进入或整除)。表达式“10//3”得到 3,因为 3 进入 10 共计 3 次(余数为 1)。虽然整数除法的结果总是一个整数,但结果的数据类型取决于操作数的数据类型。浮点整数整除浮点数得到一个浮点数,它的分数分量为 0。最后两个交互展示了余数运算%。请再次注意,结果的数据类型取决于操作数的类型。

由于数学背景不同,你可能没用过整数除法或余数运算。要记住的是,这两个操作是密切相关的。整数除法告诉你一个数字进入另一个数字的次数,剩余部分告诉你剩下多少。数学上你可以写为 $a=(a//b)(b)+(a\%b)$。作为示例应用程序,假设我们以分来计算零钱(而不是人民币元,以下简称元)。如果我有 383 分,那么我可以通过计算 383//100=3 找到完整的元的数量,剩余的零钱是 383%100=83。因此,我肯定共有 3 元和 83 分的零钱。

虽然 Python(版本 3.0)将常规除法和整数除法作为两个独立的运算符,但是许多其他计算机语言(和早期的 Python 版本)只是使用“/”来表示这两种情况。当操作数是整数时,“/”表示整数除法;当它们是浮点数时,它表示常规除法。这是一个常见的错误来源。

### 3.4.2 字符串

到目前为止,我们一直在讨论关于数字的处理。另一种更为我们所熟悉的数据是文本,文本在程序中则是由字符串数据类型所表示。

你可以将字符串视为一个字符序列。在前面的章节中我们讲到,通过用双引号将一些字符括起来形成字符串。Python 也允许字符串由单引号分隔。它们没有区别,但用时一定要配对。字符串也可以保存在变量中,像其他数据一样。下面举例子说明两种形式的字符串,代码如下。

```
>>>str1="Hello"
>>>str2='spam'
>>>print(str1,str2)
Hello spam
>>>type(str1)
<class 'str'>
>>>type(str2)
<class 'str'>
```

你已经知道如何打印字符串,也看到了如何从用户获取字符串输入。回想一下,input 函数返回用户输入的任何字符串对象。这意味着如果希望得到一个字符串,可以使用其原始形式的输入。示例代码如下。

```
>>>firstName=input("Please enter your name:")
Please enter your name: John
>>>print("Hello",firstName)
Hello John
```

对于初学者，要理解一个字符串是什么，即一个字符序列。在 Python 中，访问组成字符串的单个字符可以通过“索引”操作来完成。字符串中的位置编号是从左边开始的，即为 0。图 3-5 用字符串"Hello Bob"加以说明。索引在字符串表达式中用于访问字符串中的特定字符位置。索引的一般形式是<string>[<expr>]。表达式的值确定是从字符串中选择哪个字符。

图 3-5　字符串"Hello Bob"的索引图

交互式的索引示例代码如下。

```
>>>greet="Hello Bob"
>>>greet[0]
'H'
>>>print(greet[0],greet[2],greet[4])
Hlo
>>>x=8
>>>print(greet[x-2])
B
```

请注意，在 $n$ 个字符的字符串中，最后一个字符位于位置 $n-1$，因为索引是从 0 开始。同时，Python 还允许使用负索引，即从字符串的右端索引。

```
>>>greet[-1]
'b'
>>>greet[-3]
'B'
```

这对于获取字符串的最后一个字符特别有用。索引返回包含较大字符串中单个字符的字符串。也可以从字符串中访问连续的字符序列或“子字符串”。在 Python 中，这是通过一个名为“切片”的操作来实现的。你可以把切片想象成在字符串中索引一系列位置的

方法。切片的形式是<字符串>[<start>:<end>]。

start 和 end 都是 int 值的表达式，切片从 start(含 start)处开始，到 end(不含 end)处结束。继续我们的交互示例，下面是一些切片代码。

```
>>>greet[0:3]
'Hel'
>>>greet[5:9]
'Bob'
>>>greet[:5]
'Hello'
>>>greet[5:]
'Bob'
>>>greet[:]
'Hello Bob'
```

从中看出，如果任何一个表达式缺失，字符串的开始和结束都是假定的默认值。最后的表达式实际上给出了整个字符串。

索引和切片是将字符串切成更小片段的有用操作，字符串数据类型还支持将字符串放在一起的操作。连接(+)和重复(*)是两个方便的运算符。连接通过将两个字符串黏合在一起来构建字符串；重复通过字符串与多个自身连接，来构建字符串。另一个有用的函数是 len，它告诉你字符串中有多少个字符。此外，由于字符串是字符序列，因此可以使用 Python 的 for 循环遍历这些字符。

各种字符串操作的示例代码如下：

```
>>>"spam"+"eggs"
'spameggs'
>>>"Spam"+"And"+"Eggs"
'SpamAndEggs'
>>>3*"spam"
'spamspamspam'
>>>"spam"*5
'spamspamspamspamspam'
>>>(3*"spam")+("eggs"*5)
'spamspamspameggseggseggseggseggs'
>>>len("spam")
4
>>>len("SpamAndEggs")
```

```
11
>>>for ch in "Spam!":
        print(ch,end="")
Spam!
```

基本的字符串操作符的含义如表 3-4 所示。

表 3-4　字符串操作符的含义

| 操作符 | 含义 | 操作符 | 含义 |
|---|---|---|---|
| + | 连接 | <string>[:] | 切片 |
| * | 重复 | len(<string>) | 长度 |
| <string>[] | 索引 | for<var>in<string> | 迭代遍历字符串 |

既然明白了各种字符串操作可以做什么,接下来可以编写一些程序。

[例 3-1]许多计算机系统使用用户名和密码组合来认证系统用户,系统管理员必须为每个用户分配唯一的用户名。通常,用户名来自用户的实际姓名,一种用于生成用户名的方案是使用用户的第一个首字母,然后是用户姓氏的最多七个字母。利用这种方法,ZaphodBeeblebrox 的用户名将是“zbeebleb”,而 JohnSmith 就是“jsmith”。我们希望编写一个程序,读取一个人的名字并计算相应的用户名。

具体参考代码如下:

```
def  main():
     print("This program generates computer user names:\n")
     first=input("Please enter your first name(alllower case):")
     last=input("Please enter your last name(alllower case):")
     uname=first[0]+last[:7]
     print("Your user name is:",uname)
main()
```

该程序首先利用 input 从用户获取字符串,然后组合使用索引、切片和连接来生成用户名。示例代码如下:

```
This program generates computer user names.
Please enter your first name(alllower case):      zaphod
Please enter your last name(alllower case):       beeblebrox
Your user name is: zbeebleb
```

你知道介绍和名字的提示之间的空白行是从哪里来的吗？在第一个 print 语句中将换行符(\n)放在字符串的末尾，这导致输出跳过一个额外的行。这是一个简单的技巧，输出一些额外的空白，更好看一些。

[例 3-2]假设要打印给定月份数对应的月份缩写。程序的输入是一个 int，代表一个月份(1～12)，输出是相应月份的缩写。例如，如果输入为 3，则输出应为 Mar，即 3 月。

初看，这个程序似乎超出了你目前的能力，但其实这是一个判断问题。也就是说，我们必须根据用户给出的数字，决定 12 种不同输出中哪一种合适。我们可以通过一些巧妙的字符串切片来编写程序。基本思想是将所有月份名称存储在一个大字符串中：

```
months="JanFebMarAprMayJunJulAugSepOctNovDec"
```

可以通过切出适当的子字符串来查找特定的月份，关键点是计算应该在哪里切片。由于每个月由三个字母表示，如果知道一个给定的月份在字符串中开始的位置，就可以很容易地提取缩写：

```
monthAbbrev=months[pos:pos+3]
```

这将获得从 pos 指示位置开始的长度为 3 的子串。如何计算这个位置？让我们试试几个例子(见表 3-5)，看看有什么发现。记住，字符串索引从 0 开始。

表 3-5　字符串索引示例

| 月份 | 数字 | 位置 |
|---|---|---|
| Jan | 1 | 0 |
| Feb | 2 | 3 |
| Mar | 3 | 6 |
| Apr | 4 | 9 |

当然，这些位置都是 3 的倍数。为了得到正确的倍数，我们从月数中减去 1，然后乘以 3。所以对于 1，我们得到(1-1)*3=0*3=0，对于 12，我们有(12-1)*3=11*3=33。现在我们准备好对程序进行编码了。同时，注释记录了我们开发的算法。

```
months="JanFebMarAprMayJunJulAugSepOctNovDec"
n=int(input("Enter a month number(1-12):"))
print("The month abbreviation is",monthAbbrev+".")
```

请注意，该程序的最后一行利用字符串连接，将句点放在月份缩写的末尾。下面是程序输出的示例,代码如下。

```
Enter a month number(1—12):
4
The month abbreviation is Apr.
```

该例子使用“字符串作为查找表”方法,但它有一个缺点,即仅当子串都有相同的长度时才有效。

### 3.4.3 列表

列表(list)也是最常用的 Python 数据类型,它由一系列按特定顺序排列的元素组成。列表的数据项不需要具有相同类型,列表中的元素可以为任意类型,列表是可变的,可以直接对原始列表进行修改。列表类似其他语言中的数组,但功能比数组强大得多。

创建一个列表,只需要用中括号([])把逗号分隔的不同数据项括起来即可,代码如下:

```
listl=[1,北京,上海,七,2008,2010];
list2=[1,2,3,4,5];
list3=["a","znbn","c","Hdn"];
```

列表索引从 0 开始,列表可以进行截取(切片)、组合等,接下来我们分别看看这些操作方法。

1) 访问列表中的值

使用下标索引来访问列表中的值,同样可以使用方括号的形式截取字符,代码如下。

```
listl=["北京","上海",2008,2010];
list2=[1,2,3,4,5,6,7];
print("listl[0]:",listl[0])
print("list2[1:5]:",list2[1:5])
```

输出结果为

```
listl[0]:      北京
list2[1:5]:[2,3,4,5]
```

2) 更新列表

可以对列表的数据项进行修改或更新,代码如下。

```
list=["北京","chemistry",2008,2010];
print("Value available at index2:")
print(list[2])
```

输出结果为

```
Value available at index2:
2008
```

3）删除列表元素

方法一：使用 del 语句来删除列表中的元素，代码如下。

```
listl=["北京","上海",2008,2010]
print(listl)
del listl[2]
print("After deleting value at index2:")
print(listl)
```

输出结果为

```
[北京,上海,2008,2010]
After deleting value at index2:
[北京,上海,2010]
```

方法二：使用 remove()方法来删除列表中的元素，代码如下。

```
listl=["北京","上海",2008,2010]
listl.remove(2008)
listl.remove('上海')
print(listl)
```

输出结果为

```
[北京|,2010]
```

方法三：使用 pop()方法来删除列表中指定位置的元素，无参数时删除最后一个元素，代码如下。

```
listl=["北京","上海",2008,2010]
listl.pop(2)   #删除位置 2 的元素 2008
listl.pop()#删除最后一个元素 2010
print(listl)
```

输出结果为

```
[北京,上海]
```

4）添加列表元素

使用 append 方法在列表的末尾添加元素，代码如下。

```
listl=["北京","上海",2008,2010]
listl.append(2015)
print(listl)
```

输出结果为

```
[北京,上海,2008,2010,2015]
```

5）定义多维列表

可以将多维列表视为列表的嵌套，即多维列表的元素值也是一个列表，只是维度比父列表小一度。二维列表（即其他语言的二维数组）的元素值是一维列表，三维列表的元素值是二维列表。例如，定义一个二维列表，代码如下。

```
list2=[["CPU","内存硬盘","声卡"]]
```

二维列表比一维列表多一个索引，获取元素代码如下：

```
列表名[索引 1][索引 2]
```

定义 3 行 6 列的二维列表，打印出元素值。代码如下。

```
rows=3
cols=6
matrix=[[0 for col in range(cols)]for row in range(rows)]
for i in range(rows):
    for j in range(cols):
        matrix[i][j]=i*3+j
        print(matrix[i][j],end=H,")
```

输出结果为

```
0,1,2,3,4,5,
3,4,5,6,7,8,
6,7,8,9,10,11,
```

列表生成式是Python内置的一种极其强大的生成列表的表达式。如果要生成一个list[1,2,3,4,5,6,7,8,9],可以用range函数,代码如下。

```
L=list(range(1,10))
[1,2,3,4,5,6,7,8,9]
```

如果要生成[1X1,2X2,3X3,…,10X10],可以使用循环,代码如下。

```
>>>L=[]
>>>for x in range(1,10):
        L.append(x*x)
[1,4,9,16,25,36,49,64,81]
```

列表生成式,可以用以下语句代替以上烦琐的循环来完成,代码如下。

```
>>>[x*x for x in range(1,11)]
[1,4,9,16,25,36,49,64,81,100]
```

列表生成式的书写格式是把要生成的元素 x*x 放到前面,后面跟上 for 循环。这样就可以把列表创建出来。for 循环后面还可以加上 if 判断,例如筛选出偶数的平方,代码如下。

```
>>>[x*x  for x in range(1,11) if  x%2==0]
[4,16,36,64,100]
```

Python 列表是一种序列,这意味着我们也可以索引、切片和连接列表,如下面的代码所示。

```
>>>[1,2]+[3,4]
[1,2,3,4]
>>>[1,2]*3
[1,2,1,2,1,2]
```

```
>>>grades=['A','B','C','D','F']
>>>grades[0]'A'
>>>grades[2:4]['C','D']
>>>len(grades)5
```

列表的一个优点是它比字符串更通用。字符串总是为字符序列，而列表可以是任意对象的序列。你可以创建数字列表或字符串列表。创建一个包含数字和字符串的列表，代码如下。

```
myList=[1,"Spam",4,"U"]
```

在后面的章节中，我们将把所有的东西放到列表中，如点、矩形、骰子、按钮甚至学生。使用字符串列表，我们可以重写上一节中的月份缩写程序，使其更简单，代码如下。

```
def  main():
        months=["Jan","Feb","Mar","Apr","May","Jun","Jul","Aug",
"Sep","Oct","Nov","Dec"]
        n=int(input("Enter a month number(1-12):"))
        print("The month abbreviation is",months[n-1]+".")
main()
```

关于这个程序，应该注意几点。程序创建了一个名为 months 的字符串列表作为查找表。创建列表的代码分为两行。通常，Python 语句写在一行上，但在这种情况下，Python 知道列表没有结束，直到遇到结束括号“]”，将这条语句分成两行让代码更可读。

列表就像字符串一样，从 0 开始编写索引位置，因此在此列表中，值[0]是字符串“Jan”。一般来说，第 $n$ 个月在位置 $n-1$。因为这个计算很简单，我甚至不打算把它作为一个单独的步骤，而是在 print 语句中直接用表达式 months[n−1]。

这个缩写问题的解决方案不仅更简单，而且更灵活。例如，改变程序以便打印出整个月份的名称会很容易。我们只需要重新定义查找列表。代码如下。

```
months=["January","February","March","April","May","June","July",
"August","September","October","November","December"]
```

虽然字符串和列表都是序列，但两者之间有一个重要的区别：列表是可变的，这意味着列表中项的值可以使用赋值语句修改。另一方面，字符串不能在“适当位置”改变。下面是一个示例交互，说明了两者的区别，代码如下。

```
>>>myList=[34,26,15,10]
>>>myList[2]
15
```

```
>>>myList[2]=0
>>>myList
[34,26,0,10]
>>>myString="HelloWorld"
>>>myString[2]
'l'
>>>myString[2]='z'
Traceback(mostrecentcalllast):
File"<stdin>",line1,in<module>
TypeError:'str'object does not support item assignment
```

第一行创建了一个包含 4 个数字的列表。索引位置 2 返回值 15(同样,索引从 0 开始)。下一个命令将值 0 赋给位置 2 中的项目。在赋值后,列表求值将显示新值已替换旧值。在字符串上尝试类似的操作会产生错误,因为字符串是不可变,但列表可以变。

### 3.4.4 元组

元组与列表类似,不同之处在于元组的元素不能被修改。使用小括号()可以定义一个空元组。与列表一样,元组中的元素也可以为任意类型。

1) 创建元组

元组的创建很简单,只需要在括号中添加元素,并使用逗号隔开即可,实例如下。

```
tupl=("北京","上海",2008,2010)
tup2=(1,2,3,4,5)
tup3=("b","c","d")
```

如果是创建空元组,只需写个空括号即可。

```
tupl=()
```

当元组中只包含一个元素时,需要在第 1 个元素后面添加逗号。

```
tupl=(50,)
```

元组与字符串类似,下标索引从 0 开始,可以进行截取、组合等。

2) 访问元组

元组可以使用下标索引来访问元组中的值,示例代码如下。

```
tupl=("北京","上海",2008,2010)
tup2=(1,2,3,4,5,6,7)
print("tupl[0]:",tupl[0])
```

```
print("tup2[1:5]:",tup2[1:5])
print(tup2[2:])
print(tup2'2)
```

输出结果为

```
tupl[0]:北京
tup2[1:5]:(2,3,4,5)
(3,4,5,6,7)
(1,2,3,4,5,6,7,1,2,3,4,5,6,7)
```

3）连接元组

元组中的元素值是不允许被修改的，但可以对元组进行连接组合，代码如下。

```
tupl=(12,34,56)
tup2=(78,90)
tup3=tupl+tup2
print(tup3)
```

输出结果为

```
(12,34,56,78,90)
```

4）删除元组

元组中的元素值是不允许删除的，但可以使用 del 语句来删除整个元组，代码如下。

```
tup=("北京","上海",2008,2010);
print(tup)
del(tup)
print("After deleting tup:")
print(tup)
```

以上实例元组被删除后，输出变量会有异常信息，输出结果为

```
("北京","上海",2008,2010)
After deleting tup:
NameError:name 'tup' is not defined
```

5）元组与列表的转换

因为元组数不能改变，所以将元组转换为列表从而可以改变数据。实际上，列表、元组和字符串之间可以互相转换，需要使用 3 个函数，即 str()、tuple()和 list()。可以使用列表对象＝list(元组对象)的方法将元组转换为列表，代码如下。

```
tup=(1,2,3,4,5)
listl=list(tup)      #元组转换为列表
print(listl)
```

也可以使用元组＝tuple(列表对象)的方法将列表转换为元组，代码如下。

```
nums=[1,3,5,7,8,13,20]
print(tuple(nums))      #列表转换为元组
```

### 3.4.5　字典

字典是一种可变容器模型，可存储任意类型对象，例如字符串、数字、元组等其他容器模型，字典也被称为关联数组或哈希表。

1）创建字典

字典是用放在花括号{}中的一系列键值(key：value)对表示。在字典的每个键值对中，键和值用冒号分隔，键值对之间用逗号分隔，整个字典包括在花括号中。其基本语法如下：

```
d={keyl:valuelAkey2:value2)
```

注意：键必须是唯一的，值则不必。值可以取任何数据类型，但键必须是不可变的，例如字符串、数字或元组。一个简单的字典示例代码如下。

```
dict={'xmj':40,'zhang':91,'wang':80)
当然也可以如此创建字典：
dictl={'abc':456};
dict2=('abc':123,98.6:37};
```

字典有如下特性：

（1）字典值可以是任何 Python 对象，例如字符串、数字、元组等。

（2）不允许同一个键出现两次，在创建时如果同一个键被赋值两次，后一个值会覆盖前面的值。示例代码如下。

```
dict=('Name':'xmj'r','Age':17,'Name':'Manni'};
print("diet['Name']:",diet['Name']);
```

输出结果为

diet['Name']:Manni

(3) 键不可变，所以可以用数字、字符串或元组充当，用列表不行，示例代码如下。

dict=(['Name1']:'Zara1r','Age':7);

以上实例输出错误结果为

```
Traceback(mostrecentcalllast):
File"<pyshell#0>,',line1,in<module>
dict=(['Name']:'Zara',1Age':7)
TypeError:unhashable type:1list'
```

2) 访问字典里的值

在访问字典里的值时把相应的键放到方括号中，代码如下。

```
dict=('Name':'王海',Age':17,'Class1':'计算机一班'}
print("diet['Name1']:",diet['Name'])
print("diet['Age']:",diet['Age'])
以上实例的输出结果:
diet['Name1']:王海
diet['Age']:17
```

如果用字典里没有的键访问数据，会输出错误信息：

```
dict={'Name':'王海','Age':17,'Class':'计算机一班'}
print("diet['sex']:",diet['sex'])
```

由于没有 sex 键，输出错误结果为

```
Traceback(mostrecentcalllast):
Filen<pyshell#10>n,line1,in<module>
print("diet['sex']:",diet['sex'])
KeyError:1sex1
```

3) 修改字典

在字典里添加新内容的方法是增加新的键/值对，修改或删除已有键/值对，示例代码如下。

```
dict=('Name':'王海','Age':17,'Class':'计算机一班'}
diet['Age']=18#更新键/值对
```

```
diet['School']="南洋学院"#增加新的键/值对
print("diet['Age']:",diet['Age'])
print("diet['School']:",diet['School'];
```

输出结果为

```
diet['Age1']:18
diet['School']:南洋学院
```

4）删除字典中的元素

del()方法允许使用键从字典中删除元素(条目)。clear()方法清空字典中的所有元素。显式删除一个字典用 del 命令,用 del 删除后字典不再存在。

5）in 运算

字典里的 in 运算用于判断某键是否在字典里,对于 value 值不适用。

```
dict={'Name':'王海','Age':17,'Class':,计算机一班'}
print('Age in diet':)          #等价于 print(diet.has_key('Age'))
```

输出结果为

```
True
```

6）获取字典中的所有值

dict.values 以列表形式返回字典中的所有值。

```
dict=('Name':'王海','Age':17,'Class':'计算机一班'}
print(diet.values())
```

输出结果为

```
[17,王海,计算机一班]
```

7）items()方法

items()方法把字典中的每对 key 和 value 组成一个元组,并把这些元组放在列表中返回。

```
dict={'Name','王海','Age':17,Class1:'计算机一班'}
for key,value in diet.items():
    print(key,value)
```

输出结果为

```
Name 王海
Class 计算机一班
Age17
```

字典打印出来的顺序与创建之初的顺序不同，这并不是错误。字典中的各个元素没有顺序之分(因为不需要通过位置查找元素)，所以在存储元素时进行了优化，使字典的存储和查询效率最高。这也是字典和列表的另一个区别：列表保持元素的相对关系，即序列关系；而字典是完全无序的，也称为非序列。如果想保持一个集合中元素的顺序，需要使用列表，而不是字典。

表 3-6 罗列了字典常用的一些操作。

**表 3-6 字典常用的操作列表**

| 方法 | 含 义 |
|---|---|
| <key>in<dict> | 如果字典包含指定的 key，就返回 True，否则返回 False |
| <dict>. keys() | 返回键的序列 |
| <dict>. values() | 返回值的序列 |
| <dict>. items() | 返回元组(key，value)的序列，表示键值对 |
| <dict>. get(<key>，<default>) | 如果字典包含键 key 就返回它的值，否则返回默认值 default |
| del<dict>[<key>] | 删除指定的条目 |
| <dict>. clear() | 删除所有条目 |
| for<var>in<dict>： | 循环遍历所有键 |

### 3.4.6 集合

集合(set)是一个无序不重复元素的序列，集合的基本功能是进行成员关系测试和删除重复元素。

1) 创建集合

可以使用大括号({})或者 set()函数创建集合。注意：创建一个空集合必须用 set()，而不是用{}，因为{}用来创建一个空字典。

```
student={'Tom','Jim','Mary','Tom','Jack','Rose'}
print(student)   #输出集合，重复的元素被自动去掉
```

以上实例的输出结果：

```
{'Jack','Rose','Mary','Jim','Tom'}
```

2) in 运算

in 运算用于判断某值是否在集合里，例如：

```
if(Rose in student):
  print("Rose 在集合中")
else:
  print("Rose 不在集合中")
```

输出结果为

```
Rose 在集合中
```

3）集合运算

可以使用运算符进行集合的差集、并集、交集运算，它们对应的运算符号分别为“－”“|”“&”，代码如下。

```
a=set("abed")
b=set("cdef")
print(a)
print("a 和 b 的差集:",a-b)
print("a 和 b 的并集:",a|b)
print("a 和 b 的交集:",a&b)
```

输出结果为

```
{'a','c','d'}
a 和 b 的差集:{'a','b'}
a 和 b 的并集:{'a','b','f','d','c','e')
a 和 b 的交集:{'c','d'}
```

接下来大家思考下，如果要求 $a$ 和 $b$ 中不同时存在的元素，该如何编写代码呢？

### 3.4.7　布尔型

Python 支持布尔类型的数据，布尔类型只有 True 和 False 两种值，布尔类型有以下几种运算。

（1）and（与）运算：只有两个布尔值都为 True 时计算结果才为 True。

```
True and True        #结果是 True
True and False       #结果是 False
False and True       #结果是 False
False and False      #结果是 False
```

(2) or(或)运算：只要有一个布尔值为 True，计算结果就是 True。

```
True or True #结果是 True
True or False #结果是 True
False or True #结果是 True
False or False #结果是 False
```

(3) not(非)运算：把 True 变为 False，或者把 False 变为 True。

```
not True #结果是 False
not False #结果是 True
```

布尔运算在计算机中用来做条件判断，根据计算结果为 True 或者 False，计算机可以自动执行不同的后续代码。

在 Python 中，布尔类型还可以与其他数据类型做 and、or 和 not 运算，这时下面的几种情况会被认为是 False。为 0 的数字，包括 0、0.0；空字符串""；表示空值的 None；空集合，包括空元组()、空序列[]、空字典{}，其他的值都为 True。示例代码如下：

```
a="Python"
print(a and True)        #结果是 True
b=""
print(b or False)        #结果是 False
```

### 3.4.8 各种数据类型间的转换

type()：该方法用于查看变量的数据类型。

```
>>>who='xiaojiangjiang'
>>>print(type(who))
```

运行结果为

```
<class'str'>
```

结果显示这是一个字符串 str 类型的数据。

str()：该方法可以将其他数据类型强制转换为字符串。代码如下。

```
>>>begin='我吃了'
>>>number=1
>>>fruit='个水果'
>>>print(begin+str(number)+fruit)
```

运行结果为

```
我吃了1个水果
```

这是因为程序使用“+”符号，对不同的字符串进行了连接。值得注意的是：在进行字符串拼接时，不同数据类型不能直接使用“+”连接，而需要先将整数转化为字符串类型。

int()：该方法可将整数形式的字符串转化为整数（文本类字符串和浮点形式的字符串不能转化为整数），代码如下。

```
>>>print(int(3.8))
```

运行结果为

```
3
```

float()：该方法可将整数和字符串转换为浮点数（文字类字符串无法转换）。

```
>>>print(float(8))
```

运行结果为

```
8.0
```

list()：该方法用于将数据转换为列表类型。

```
>>>a='Python小课'
>>>print(list(a))
```

运行结果为

```
['p','y','t','h','o','n','小','课']
```

len()：该方法用于检查某个数据的长度

```
>>>bros=['刘备','关羽','张飞']
>>>print(len(bros))
```

运行结果为

```
3
>>>emotion='happy'
>>>print(len(emotion))
```

运行结果为

```
5
```

## 3.5 运 算 符

本节主要说明 Python 的运算符。举个简单的例子 4+5=9,其中 4 和 5 被称为操作数,"+"号为运算符。

### 3.5.1 算术运算符

假设变量 *a* 为 10,变量 *b* 为 20,算术运算符的定义及示例如表 3-7 所示。

表 3-7 算术运算符

| 运算符 | 描述 | 示例 |
|---|---|---|
| + | 加:两个对象相加 | *a*+*b* 输出结果 30 |
| − | 减:得到负数或是一个数减去另一个数 | *a*−*b* 输出结果:−10 |
| * | 乘:两个数相乘或是返回一个被重复若干次的字符串 | *a* * *b* 输出结果 200 |
| / | 除:*x* 除以 *y* | *b*/*a* 输出结果 2 |
| % | 取模:返回除法的余数 | *b*%*a* 输出结果 0 |
| * * | 幂:返回 x 的 y 次幂 | *a* * * *b* 为 10 的 20 次方,输出结果 100 000 000 000 000 000 000 |
| // | 取整除:返回商的整数部分 | 9//2 输出结果 4,9.0//2.0 输出结果 4.0 |

Python 算术运算符的操作代码如下:

```
a=21
b=10
c=0
c=a+b
print("a+b=",c)
c=a-b
print("a-b=",c)
c=a*b
print("a*b=",c)
```

```
c=a/b
print("a/b"=",c")
c=a%b
print("a%b=",c)
a=2
b=3
c=a**b
print("a**b=",c)
a=10
b=5
c=a//b
print("a//b=",c)
```

以上代码的输出结果为：

```
a+b=31
a-b=11
a*b=210
a/b=2.1
a%b=1
a**b=8
a//b=2
```

### 3.5.2　赋值运算符

表 3－8 罗列了常用的赋值运算符及其作用。

**表 3－8　赋值运算符**

| 运算符 | 描述 | 示例 |
| --- | --- | --- |
| = | 简单的赋值运算符 | $c=a+b$ 将 $a+b$ 的运算结果赋值为 $c$ |
| += | 加法赋值运算符 | $c+=a$ 等效于 $c=c+a$ |
| -= | 减法赋值运算符 | $c-=a$ 等效于 $c=c-a$ |
| *= | 乘法赋值运算符 | $c*=a$ 等效于 $c=c*a$ |
| /= | 除法赋值运算符 | $c/=a$ 等效于 $c=c/a$ |
| %= | 取模赋值运算符 | $c\%=a$ 等效于 $c=c\%a$ |
| **= | 幂赋值运算符 | $c**=a$ 等效于 $c=c**a$ |
| //= | 取整除赋值运算符 | $c//=a$ 等效于 $c=c//a$ |

### 3.5.3 比较运算符

表 3-9 罗列了常用的比较运算符及其作用。

表 3-9 比较运算符

| 运算符 | 描述 | 示例 |
|---|---|---|
| == | 等于:比较对象是否相等 | ($a==b$)返回 False |
| != | 不等于:比较两个对象是否不相等 | ($a!=b$)返回 true |
| > | 大于:返回 $x$ 是否大于 $y$ | ($a>b$)返回 False |
| < | 小于:返回 $x$ 是否小于 $y$ | ($a<b$)返回 true |
| >= | 大于等于:返回 $x$ 是否大于等于 $y$ | ($a>=b$)返回 False |
| <= | 小于等于:返回 $x$ 是否小于等于 $y$ | ($a<=b$)返回 true |

Python 所有比较运算符的操作代码如下。

```
a=21
b=10
c=0
if(a==b):
    print("Line1-a is equal to b")
else:
    print("Line1-a is not equal to b")
if(a!=b):
    print("Line2-a is not equal to b")
else:
    print("Line2-a is equal to b")
if(a<b):
    print("Line3-a is less than b")
else:
    print("Line3-a is not less than b")
if(a>b):
    print("Line4-a is greater than b")
else:
    print("Line4-a is not greater than b")
a=5;
b=20;
```

```
if(a<=b):
    print("Line5—a is either less than or equal to b")
else:
    print("Line5—a is neither less than or equal to b")
```

输出结果为

```
Line1—a is not equal to b
Line2—a is not equal to b
Line3—a is not less than b
Line4—a is greater than b
Line5—a is either less than or equal to b
```

### 3.5.4　逻辑运算符

Python 语言支持的逻辑运算符如表 3-10 所示。

表 3-10　逻辑运算符

| 运算符 | 描述 | 示例 |
| --- | --- | --- |
| and | 布尔"与":如果 $x$ 为 False,$x$ and $y$ 返回 False,否则它返回 y 的计算值 | ($a$ and $b$)返回 true |
| or | 布尔"或":如果 $x$ 是 True,它返回 True,否则它返回 $y$ 的计算值 | ($a$ or $b$)返回 true |
| not | 布尔"非":如果 $x$ 为 True,则返回 False。如果 $x$ 为 False,它返回 True | not($a$ and $b$)返回 false |

Python 所有逻辑运算符的操作代码如下。

```
a=10
b=20
c=0
if(a and b):
  print("Line1—a and b are true")
else:
  print("Line1—Either a is not true or b is not true")
if(a or b):
  print("Line2—Either a is true or b is true or both are true")
```

```
else:
    print("Line2—Neither a is true nor b is true")
a=0
if(a and b):
    print("Line3—a and b are true")
else:
    print("Line3—Either a is not true or b is not true")
if(a or b):
    print("Line4—Either a is true or b is true or both are true")
else:
    print("Line4—Neither a is true nor b is true")
if not(a and b):
    print("Line5—Either a is nos true or b is not true or both are not true")
else:
    print("Line5—a and b are true")
```

输出结果为：

```
Line1—a and b are true
Line2—Either a is true or b is true or both are true
Line3—Either a is not true or b is not true
Line4—Either a is true or b is true or both are true
Line5—Either a is not true or b is not true or both are not true
```

### 3.5.5 位运算符

按位运算符是把数字看作二进制来进行计算的。Python 中的按位运算法则如表 3-11 所示。

表 3-11 位运算符

| 运算符 | 描述 | 示例 |
|---|---|---|
| & | 按位与运算符 | (a&b)输出结果 12,二进制解释:00001100 |
| \| | 按位或运算符 | (a \| b)输出结果 61,二进制解释:00111101 |
| ^ | 按位异或运算符 | (a^b)输出结果 49,二进制解释:00110001 |
| ~ | 按位取反运算符 | (~a)输出结果−67,二进制解释:11000011,在一个有符号二进制数的补码形式 |
| << | 左移动运算符 | a<<2 输出结果 240,二进制解释:11110000 |
| >> | 右移动运算符 | a>>2 输出结果 15,二进制解释:00001111 |

Python 所有位运算符的操作代码如下。

```
a=60                #60=00111100
b=13                #13=00001101
c=0
c=a&b
print("a&b 结果为",c)
c=a|b
print("a|b 结果为",c)
c=a^b
print("a^b 结果为",c)
c=~b
print("~a 结果为",c)
c=a<<2
print("a<<2 结果为",c)
c=a>>2
print("a>>2 结果为",c)
```

输出结果为

```
a&b 结果为 12
a|b 结果为 61
a^b 结果为 49
~a 结果为-61
a<<2 结果为 240
a>>2 结果为 15
```

### 3.5.6　成员运算符

除了以上的一些运算符之外，Python 还支持成员运算符，测试实例中包含了一系列的成员，包括字符串，列表或元组(见表 3-12)。

表 3-12　成号运算符

| 运算符 | 描述 | 示例 |
| --- | --- | --- |
| in | 如果在指定的序列中找到值返回 True，否则返回 False | $x$ 在 $y$ 序列中，如果 $x$ 在 $y$ 序列中返回 True |
| not in | 如果在指定的序列中没有找到值返回 True，否则返回 False | $x$ 不在 $y$ 序列中，如果 $x$ 不在 $y$ 序列中返回 True |

### 3.5.7 身份运算符

身份运算符用于比较两个对象的存储单元，具体描述如表 3-13 所示。

表 3-13 身份运算符

| 运算符 | 描述 | 实例 |
| --- | --- | --- |
| is | is 是判断两个标识符是不是引用一个对象 | $x$ is $y$，如果 id($x$)等于 id($y$)，is 返回结果 1 |
| is not | is not 是判断两个标识符是不是引用不同对象 | $x$ is not $y$，如果 id($x$)不等于 id($y$). is not 返回结果 1 |

Python 所有身份运算符操作代码如下。

```
a=20
b=20
if(a is b):
    print("Line1—a and b have same identity")
else:
    print("Line1—a and b do not have same identity")
if(id(a)==id(b)):
    print("Line2—a and b have same identity")
else:
    print("Line2—a and b do not have same identity")
b=30
if(a is b):
    print("Line3—a and b have same identity")
else:
    print("Line3—a and b do not have same identity")
if(a is not b):
    print("Line4—a and b do not have same identity")
else:
    print("Line4—a and b have same identity")
```

输出结果为

```
Line1—a and b have same identity
Line2—a and b have same identity
Line3—a and b do not have same identity
Line4—a and b do not have same identity
```

# 3.6　运算符优先级

表 3 - 14 列出了从最高到最低优先级的所有运算符。

表 3 - 14　运算符优先级

<table>
<tr><th>运算符</th><th>描述</th></tr>
<tr><td>**</td><td>指数(最高优先级)</td></tr>
<tr><td>*/%//</td><td>乘,除,取模和取整除</td></tr>
<tr><td>+-</td><td>加法减法</td></tr>
<tr><td>>><<</td><td>右移,左移运算符</td></tr>
<tr><td>&</td><td>位'AND'</td></tr>
<tr><td>^|</td><td>位运算符</td></tr>
<tr><td><=<>>=</td><td>比较运算符</td></tr>
<tr><td><>==!=</td><td>等于运算符</td></tr>
<tr><td>=%=/=//=-=+=*=**=</td><td>赋值运算符</td></tr>
<tr><td>is　is not</td><td>身份运算符</td></tr>
<tr><td>in　not in</td><td>成员运算符</td></tr>
<tr><td>not or and</td><td>逻辑运算符</td></tr>
</table>

# 程序控制结构

## 4.1 循环结构

程序在一般情况下是按顺序执行的，但是编程语言提供了各种控制结构，允许更复杂的执行路径。循环语句允许我们执行一个语句或语句组多次，图 4-1 是在大多数编程语言中的循环语句的一般形式。

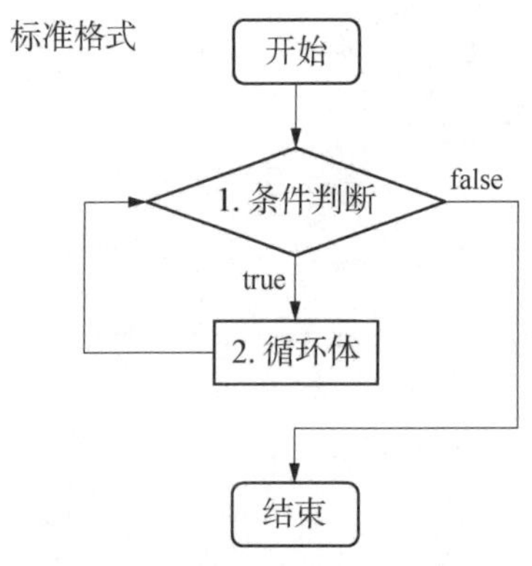


图 4-1 循环语句的一般形式

Python 提供了 for 循环和 while 循环(在 Python 中没有 do...while 循环)，如表 4-1 所示。

表 4-1 循环类型

| 循环类型 | 描述 |
|---|---|
| while 循环 | 在给定的判断条件为 true 时执行循环体，否则退出循环体 |
| for 循环 | 重复执行语句 |
| 嵌套循环 | 你可以在 while 循环体中嵌套 for 循环 |

循环控制语句可以更改语句执行的顺序。Python 支持的循环控制语句如表 4-2 所示。

表4-2 控制语句

| 控制语句 | 描　述 |
|---|---|
| break 语句 | 在语句块执行过程中终止循环,并且跳出整个循环 |
| continue 语句 | 在语句块执行过程中终止当前循环,跳出该次循环,执行下一次循环 |
| pass 语句 | pass 是空语句,为了保持程序结构的完整性 |

### 4.1.1 for 语句

Python 的 for 循环可以遍历任何序列的项目,如一个列表或者一个字符串。for 循环的语法格式如下：

```
for iterating_var in sequence:
    statements(s)
```

for 循环的流程如图 4-2 所示。

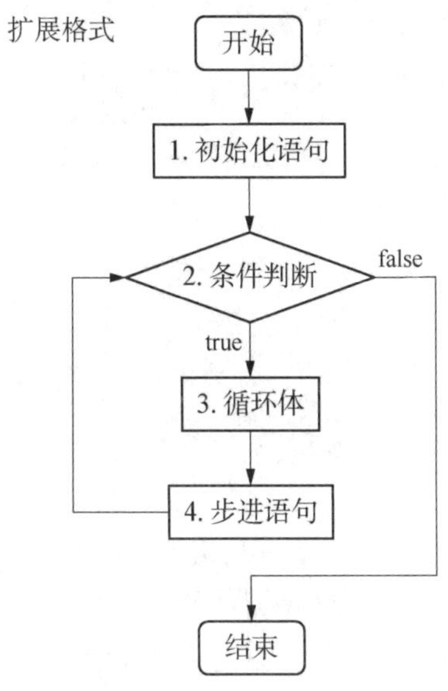


图 4-2 for 循环的流程

示例代码如下：

```
for letter in 'Python':
    print('CurrentLetter:', letter)
fruits=['banana', 'apple', 'mango']
for fruit in fruits:
    print('Currentfruit:', fruit)
print("Goodbye!")
```

程序运行结果为

```
CurrentLetter:P
CurrentLetter:y
CurrentLetter:t
CurrentLetter:h
CurrentLetter:o
CurrentLetter:n
Currentfruit:banana
Currentfruit:apple
Currentfruit:mango
Goodbye!
```

另外一种执行循环的遍历方式是通过索引来实现,示例代码如下。

```
fruits=['banana', apple', 'mango']
for index in range (len(fruits)):
    print('Currentfruit:', fruits[index])
print("Goodbye!")
```

程序运行结果为:

```
Currentfruit:banana
Currentfruit:apple
Currentfruit:mango
Coodbye!
```

以上示例我们使用了内置函数 len()和 range(),函数 len()可以显示返回列表的长度,即元素的个数。range 返回一个序列的数。

在 Python 中,for...else 代表的含义是:for 中的语句和普通的没有区别,else 中的语句会在循环正常执行完(即 for 不是通过 break 跳出而中断的)的情况下执行,while...else 也是一样。示例代码如下。

```
for num in range(10,20):
  for i in range(2,num):
      if num%i==0:
        j=num/i
        print('%d equals %d * %d', %(num,i,j))
          break
```

```
    else:
            print(num,'is a prime number')
```

运行结果为

```
10 equals 2 * 5
11 is a prime number'
12 equals 2 * 6
13 is a prime number'
14 equals 2 * 7
15 equals 3 * 5
16 equals 2 * 8
17 is a prime number
18 equals 2 * 9
19 is a prime number
```

[例 4 - 1]演示代码如下。

```
>>>for  i  in  'coding':
        print(i)
```

运行结果为

```
c
o
d
i
n
g
```

[例 4 - 2]演示代码如下。

```
>>>for  i  in  ['for','change']:
        print(i)
```

运行结果为

```
for
change
```

[例 4－3]演示代码如下。

```
>>>list={1:'a',2:'b',3:'c'}
>>>for  i  in  list:
        print(i)
```

运行结果为

```
1
2
3
```

[例 4－4]演示代码如下。

```
>>>list={1:'a',2:'b',3:'c'}
>>>for  i  in  list.values():
        print(i)
```

运行结果为

```
a
b
c
```

[例 4－5]演示代码如下。

```
>>>list={1:'a',2:'b',3:'c'}
>>>for  k,v  in  list.items():
            print(k)
            print(v)
```

运行结果为

```
1
a
2
b
3
c
```

### 4.1.2　range 数

在 for 循环中，最常用的函数是 range()，它用于生成一组值。range()有最基本的三种用法，即 range(b)、range(a,b)、range(a,b,c)。函数中各个数值的意义：①*a*：计数从 *a* 开始，不填时，从 0 开始；②*b*：计数到 *b* 结束，但不包括 *b*；③*c*：计数的间隔，不填时默认为 1。示例代码如下。

```
>>>range(5)
#计数依次为 0,1,2,3,4
>>>range(1,5)
#计数依次为 1,2,3,4
>>>range(2,8,2)
#计数依次为 2,4,6
for…i  in  range()
#处理指定次数的循环
>>>for  i  in  range(3):
        print('第%d 遍编程', %i)
```

运行结果为

```
第 0 遍编程
第 1 遍编程
第 2 遍编程
```

### 4.1.3　while 语句

在 Python 编程中，while 语句用于循环执行程序，即在某条件下，循环执行某段程序，以处理需要重复处理的相同任务。其基本形式为：

```
while 判断条件:
执行语句……
```

执行语句可以是单个语句或语句块。判断条件可以是任何表达式，任何非零或非空(null)的值均为 true。当判断条件假 false 时，循环结束。执行流程如图 4-3 所示。

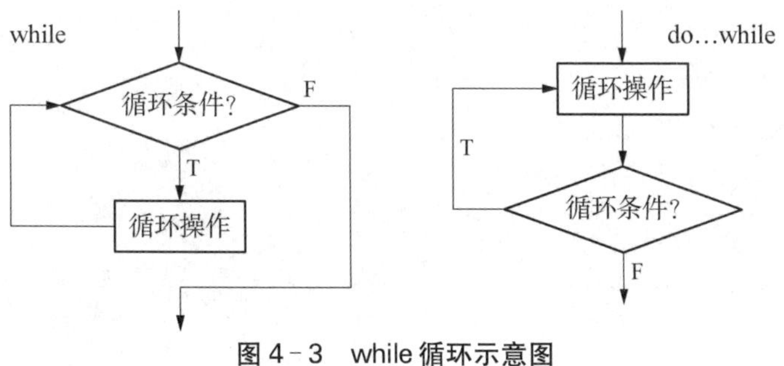


图 4-3　while 循环示意图

代码如下。

```
count=0
while(count<9):
    print('The count is :',count)
    count=count+1
print("Coodbye!")
```

程序运行结果为：

```
The count is:0
The count is:1
The count is:2
The count is:3
The count is:4
The count is:5
The count is:6
The count is:7
The count is:8
Goodbye!
```

如果条件判断语句永远为 true，循环将会无限的执行下去。

[例 4-6]演示代码如下。

```
var=1
while  var==1:   #该条件永远为 true，循环将无限执行下去
        num=raw_input("Enter a number:")
        print("You entered:",num)
print("Goodbye!")
```

运行结果为

```
Enter a number:20
You entered:20
Enter a number:29
You entered:29
Enter a number:3
You entered:3……………
```

上述的程序会永无止境地重复运行下去，如果想终止程序的运行你可以使用“Ctrl+C”来中断循环。

参照上述 for...else 的例子，while...else 原理也是一样，参考下述的代码及运行结果。

```
count=0
while  count<5:
        print(count, "is less than 5")
        count=count+1
else:
        print(count, "is not less than 5")
```

程序运行结果为

```
0 is less than 5
1 is less than 5
2 is less than 5
3 is less than 5
4 is less than 5
5 is not less than 5
```

类似 if 语句的语法，如果你的 while 循环体中只有一条语句，你可以将该语句与 while 写在同一行中，代码如下。

```
flag=1
while(flag):
        print("Given flag is really true!')
print("Goodbye!")
```

注意：以上的无限循环你可以使用“Ctrl+C”来中断循环。

while 语句的示例代码如下：

```
>>>count=3
>>>while count>1:
        print('happy  coding')
        count=count-1
```

运行结果为

```
happy  coding
happy  coding
```

while 循环和 for 循环的区别：for 擅长处理固定次，自动遍历各序列；而 while 擅长处理不定次数的循环，条件为 False 便停止。

### 4.1.4 break 与 continue 语句

Python 中的 break 语句，打破了最小封闭 for 或 while 循环。

break 语句用来终止循环语句，即循环条件没有 False 条件或者序列还没被完全递归完，也会停止执行循环语句。break 语句用在 while 和 for 循环中。如果使用嵌套循环，break 语句将停止执行最深层的循环，并开始执行下一行代码。break 流程如图 4-4 所示。

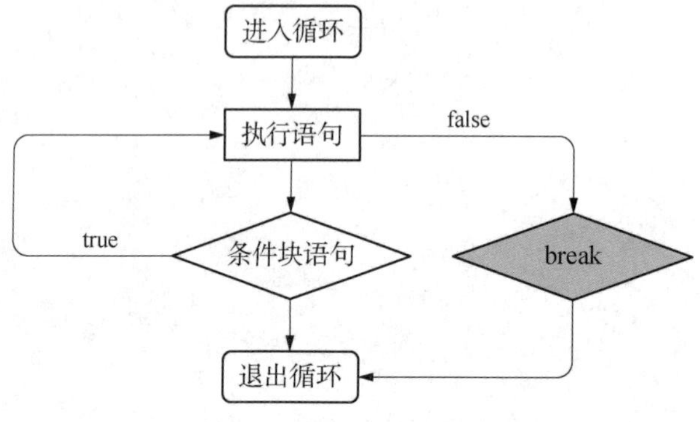


图 4-4 break 语句流程

示例代码如下。

```
for  letter in 'Python':
     if  letter=='h':
          break
          print('Current Letter:', letter)
var=10
while var>0:
     print('Current variable value:', var)
     var=var-1
     if  var==5:
          break
print("Goodbye!")
```

程序运行结果为：

```
Current Letter:P
Current Letter:y
Current Letter:t
```

```
Current variable value:10
Current variable value:9
Current variable value:8
Current variable value:7
Current variable value:6
Goodbye!
```

Python 中 continue 语句跳出本次循环，而 break 跳出整个循环。continue 语句用来告诉 Python 跳过当前循环的剩余语句，然后继续进行下一轮循环。continue 语句用在 while 和 for 循环中。continue 流程如图 4－5 所示。

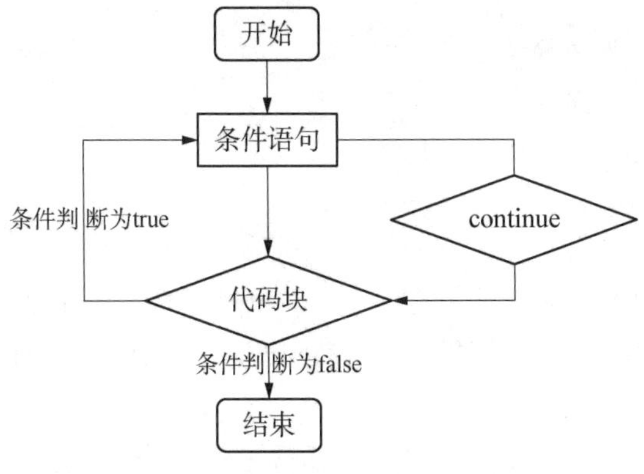


图 4－5　continue 语句流程

示例代码如下。

```
for letter in 'Python':
    if letter=='h':
        continue
print('Current Letter:', letter)
var=10
while var>0:
    var=var-1
    if var==5:
        continue
    print('Current variable value:', var)
print("Goodbye!")
```

运行结果为

```
Current Letter:P
Current Letter:y
Current Letter:t
Current Letter:o
Current Letter:n
Current variable value:9
Current variable value:8
Current variable value:7
Current variable value:6
Current variable value:4
Current variable value:3
Current variable value:2
Current variable value:1
Current variable value:0
Goodbye!
```

continue,break 是两个重要的命令,可用来跳过循环。continue 用于跳过该次循环;break 则是用于退出循环,此外“判断条件”还可以是个常值,表示循环必定成立,具体用法的代码如下。

```
i=1
while  i<10:
    i+=1
if  i % 2>0:          #非双数时跳过输出
    continue
    print(i)          #输出双数 2,4,6,8,10
i=1
while 1:              #循环条件为 1 必定成立
    print(i)          #输出 1~10
    i+=1
if  i>10:             #当 i 大于 10 时跳出循环
    break
```

break 表示如果满足条件,则结束循环,示例代码如下。

```
while  True:
...     print('happy coding')
```

```
        ...break
happy coding
```

break 会结束循环，如果只有前两行代码，会无限循环打印 happy coding。

```
count=3
while  count>1:
    print('happy coding')
    count=count-1
    if  count==2:  #当 count 等于 2 的时候，停止循环
        break
happy coding
```

对比 while 循环的例子，我们发现这里只打印了一次 happy coding。

continue 如果满足条件，则跳过当前循环的剩余语句，直接开始下一轮循环。代码如下。

```
count=3
while  count>1:
    print('happy')
    count=count-1
    if  count==2:  #当 count 等于 2 的时候，跳过下列语句，重新开始新的一
轮循环
        continue
print('coding')         #由于 continue 语句，coding 只会打印一次
```

运行结果为

```
happy
happy
coding
```

无论是否进入循环，最后都会执行 esle 语句，除非执行 break 语句跳出循环。

```
count=3
while  count>2:
    print('在风变')
    count=count-1
```

```
else:       #无论是否进入循环都会执行 else 语句
    print('happy coding')
```

运行结果为

```
在风变
happy coding
循环嵌套:即循环中有循环
for  i  in  ['风变','编程']:   #首先遍历列表元素
    for  t  in  i:                 #然后遍历元素(字符串)
        print(t)
```

### 4.1.5 pass 语句

pass 是空语句,表示程序什么都不做,仅仅是为了保持程序结构的完整性。示例代码如下。

```
for  letter  in  'Python':
    if  letter=='h':
        pass
        print('This is pass block')
    print('Current Letter:',letter)
print("Goodbye!")
```

运行结果为

```
Current Letter:P
Current Letter:y
Current Letter:t
This is pass block
Current Letter:h
Current Letter:o
Current Letter:n
Goodbye!
```

## 4.2　分支结构

分支结构是指程序使用条件判断语句选择对应的代码顺序执行。条件判断的解释：让计算机知道，在什么条件下，该去做什么。Python 条件语句通过一条或多条语句的执行结果(True 或者 False)来决定执行的代码块。

可以通过图 4-6 来简单了解条件语句的执行过程。

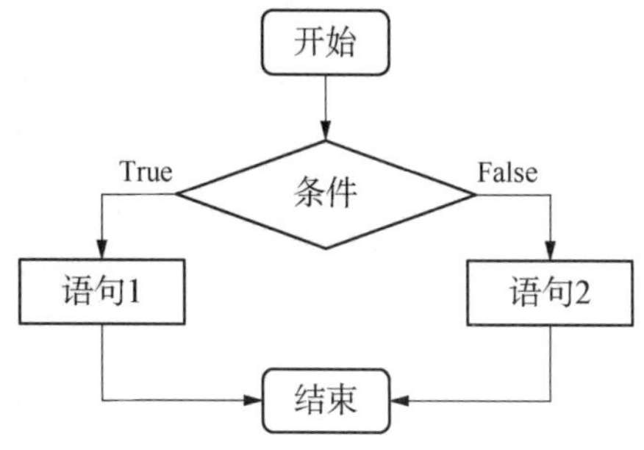


图 4-6　条件语句的执行过程

Python 程序语言指定任何非 0 和非空(null)值为 true，0 或者 null 为 false。

Python 编程中 if 语句用于控制程序的执行，基本形式为：

```
if 判断条件:
  执行语句……
else:
  执行语句……
```

其中，“判断条件”成立时(非零)，则执行后面的语句，而执行内容可以多行，以缩进来区分表示同一范围。

else 为可选语句，当需要在条件不成立时执行内容则可以执行相关语句，具体例子如下。

[例 4-7]if 基本用法。

```
flag=False
name='luren'
if  name=='Python':    #判断变量否为'Python'
    flag=True            #条件成立时设置标志为真
    print('welcome boss') #并输出欢迎信息
else:
    print(name)              #条件不成立时输出变量内容
```

输出结果为：

```
luren            #输出结果
```

if 语句的判断条件可以用>(大于)、<(小于)、==(等于)、>=(大于等于)、<=(小于等于)来表示其关系。

当判断条件为多个值是，可以使用以下形式：

```
if 判断条件 1:
     执行语句 1……
elif 判断条件 2:
     执行语句 2……
elif 判断条件 3:
     执行语句 3……
else:
     执行语句 4……
```

[例 4-8]elif 用法。

```
num=5
if   num==3:              #判断 num 的值
    print('boss')
elif   num==2:
    print('user')
elif   num==1:
    print('worker')
elif   num<0:             #值小于零时输出
    print('error')
else:
    print('road man')     #条件均不成立时输出
```

输出结果为：

```
>>>road man       #输出结果
```

由于 Python 并不支持 switch 语句，所以多个条件判断，只能用 elif 来实现。如果判断需要多个条件同时判断时，可以使用 or(或)，即表示两个条件有一个成立时判断条件成功；使用 and(与)时，即表示只有两个条件同时成立的情况下，判断条件才成功。

[例 4-9]if 语句的多个条件判断。

```
num=9
if  num>=0  and  num<=10:#判断值是否在 0~10 之间
    print('hello')
>>>hello           #输出结果
num=10
if  num<0  or  num>10:  #判断值是否在小于 0 或大于 10
    print('hello')
else:
    print('undefine')
>>>undefine        #输出结果
num=8
#判断值是否在 0~5 或者 10~15 之间
if  (num>=0  and  num<=5)  or  (num>=10  and  num<=15):
    print('hello')
else:
    print('undefine')
>>>undefine        #输出结果
```

当 if 有多个条件时可使用括号来区分判断的先后顺序，括号中的判断优先执行，此外 and 和 or 的优先级低于>(大于)、<(小于)等判断符号，即大于和小于在没有括号的情况下会比与或要优先判断。你也可以在同一行的位置上使用 if 条件判断语句。

[例 4－10]演示代码如下。

```
var=100
if (var==100):
    print("Value of expression is100")
print("Goodbye!")
```

输出结果为

```
Value of expression is100
Goodbye!
```

### 4.2.1　单分支结构

if 表示如果条件成立，就执行语句。例如下列代码：

```
>>>number=6
>>>if  number>3:
        pirnt(number)
```

运行结果为：

```
6
```

格式注意：if 语句末尾后面要加冒号，同时执行语句要缩进四个空格。

### 4.2.2 多分支结构

if...else...语句：条件成立执行 if 语句，否则执行 else 语句。示例代码如下。

```
number=7
if  number<3:
    pirnt(number)
else:
    number=number-3
    print(number)
```

结果输出为：

```
4
```

if 和 else 是同一层级，不需要缩进。if 和 else 下的执行语句都需要缩进四个空格。if...else...和 if...if...的区别如下。

(1) if...else 一个条件满足后就不会进行其他判断(if 代表的条件和 else 代表的条件是互斥的)。

(2) if...if 会遍历所有条件，一个条件无论满足还是不满足，都会进行下一个条件的判断。

(3) if...elif...else 语句：为多向判断语句，代表有三个及其以上条件的判断。

```
grade=65
if  80<=grade<=100:
    print('成绩优秀')
elif  60<=grade<80:
```

```
    print('成绩中等')
else:
    print('须努力')
```

结果输出为：

```
成绩中等
```

### 4.2.3　嵌套结构

if 嵌套：使用 if 进行条件判断，还希望在条件成立的执行语句中再增加条件判断，即 if 中还有 if，这两个 if 非平级。代码如下。

```
grade=15
if  80<=grade<=100:
    print('成绩优秀')
elif  60<=grade<80:
    print('成绩中等')
else:
    print('须努力')
    if  20<=grade<60:
        print('加油，再努力一把哦!')
    else:
        print('你要比以前更努力才行，你可以的!')
```

结果输出为

```
须努力
你要比以前更努力才行，你可以的!
```

注意，嵌套的第二个 if 缩进了 4 个空格，表示不同的层级。

# Python 函数

## 5.1 什么是函数

函数是组织好的、可以重复使用的、用来实现单一功能的代码。函数类型可分为自定义函数和内置函数，自定义函数是需要自己定义的函数，而内置函数是 Python 内部已经定义好的函数，比如 print()、input()等。

你可以将函数想象成一个“子程序”，即程序里面的一个小程序。函数的基本思想是写一个语句序列，并给这个序列取一个名字，然后可以通过引用函数名称，在程序中的任何位置执行这些指令。创建函数的程序部分称为“函数定义”。当函数随后在程序中使用时，我们称该定义被“调用”。单个函数定义可以在程序的许多不同位置被调用。

让我们举个具体的例子。假设你希望编写一个程序，打印“Happy Birthday”的歌词。标准歌词看起来像这样：

Happy birthday to you!

Happy birthday to you!

Happy birthday，dear<名字>. Happy birthday to you!

我们在交互式 Python 环境中展示这个例子。你可以启动 Python 并自己尝试一下。这个问题的一个简单方法是使用四个 print 语句。下面的交互式会话创建了一个程序，对 Fred 唱“Happy Birthday”。

```
>>>def main():
        print("Happy birthday to you!")
        print("Happy birthday to you!")
        print("Happy birthday, dear Fred.")
        print("Happy birthday to you!")
```

我们可以运行这个程序，得到歌词：

```
>>>main()
        Happy birthday to you!
        Happy birthday to you!
        Happy birthday, dear Fred!
        Happy birthday to you!
```

显然，这个程序中有一些重复的代码。对于这样一个简单的程序，这不是大问题，但即使在这里也有点烦琐，要不断键入同一行内容。让我们引入一个函数，打印第一行、第二行和第四行歌词。

```
>>>def happy():
        print("Happy birthday to you!")
```

我们定义了一个名为 happy 的新函数。示例代码如下。

```
>>>happy()
Happy birthday to you!
```

调用 happy 命令会使 Python 打印一行歌词。

现在我们可以用 happy 为 Fred 重写歌词。我们把新版本称为“singFred”。

```
>>>def singFred():
        happy()
        happy()
        print("Happy birthday, dear Fred.")
        happy()
```

这个版本打的字要少得多，感谢 happy 命令。让我们试着打印给 Fred 的歌词，只是为了确保它能工作。

```
>>>singFred()
        Happy birthday to you!
        Happy birthday to you!
        Happy birthday, dear Fred.
        Happy birthday to you!
```

现在假设今天也是 Lucy 的生日，我们希望为 Fred 唱一首歌，接下来为 Lucy 也唱一首歌。我们已经得到了 Fred 的歌词，可以为 Lucy 也准备一首歌词。

```
>>>def singLucy():
        happy()
        happy()
        print("Happy birthday, dear Lucy.")
        happy()
```

现在我们可以写一个主程序,唱给 Fred 和 Lucy:

```
>>>def main():
        singFred()
        print()
        singLucy()
```

两个函数调用之间的 print 在输出的歌词之间留出空行。下面是最终产品的效果为:

```
>>>main()
    Happy birthday to you!
    Happy birthday, dear Fred.
    Happy birthday to you!
    Happy birthday to you!
    Happy birthday to you!
    Happy birthday, dear Lucy.
    Happy birthday to you!
```

现在,我们已通过定义 happy 函数消除了一些重复。然而,还是感觉有点不对。我们有 singFred 和 singLucy 两个函数,它们几乎相同。按照这种方法,为 Elmer 添加歌词需要我们创建一个 singElmer 函数,看起来就像为 Fred 和 Lucy 的那样。我们能对歌词的增长做点什么吗?

请注意,singFred 和 singLucy 之间的唯一区别是第三个 print 语句结束时的名称。除了这一个变化的部分以外,这些歌词完全相同。我们可以通过使用"参数",将这两个函数合并在一起。让我们写一个名为 sing 的通用函数,代码如下。

```
>>>def sing(person):
        happy()
        happy()
        print("Happy birthday, dear", person+".")
        happy()
```

此函数利用名为 person 的参数，参数是在调用函数时初始化的变量。我们可以用 sing 函数为 Fred 或 Lucy 打印歌词。只需要在调用函数时提供名称作为参数，代码如下。

```
>>>sing("Fred")
    Happy birthday to you!
    Happy birthday to you!
    Happy birthday,dearFred.
    Happy birthday to you!
>>>sing("Lucy")
    Happy birthday to you!
    Happy birthday to you!
    Happy birthday,dearLucy.
    Happy birthday to you!
```

让我们用一个程序结束，这个程序可以为所有三个过生日的人唱歌：

```
>>>def main():
       sing("Fred")
       print()
       sing("Lucy")
       print()
       sing("Elmer")
```

下面是作为模块文件的完整程序：

```
def  happy():
       print("Happy Birthday to you!")
def  sing(person):
     happy()
     happy()
     print("Happy birthday,dear",person+".")
     happy()
def  main():
     sing("Fred")
     print()
     sing("Lucy")
     print()
```

```
    sing("Elmer")
main()
```

## 5.2 函数的语法

### 5.2.1 函数的定义

def:用于定义函数的关键字;return:用来返回函数的返回值。

函数定义的格式如下:

def 函数名(参数):

　　函数体

return 语句

以下是一个简单的例子:

```
def  math_func(x):
        y=x+5
        print(y)
        return  y
math_func(2)
```

代码的运行结果为 7。

### 5.2.2 变量作用域

变量作用域可认为是变量作用的范围,一个程序所有的变量并不是在哪个位置都可以访问的,访问权限决定于这个变量是在哪里赋值的。变量的作用域决定了在哪一部分运行程序和可以访问哪个特定的变量名称。两种最基本的变量作用域如下:全局变量和局部变量。定义在函数内部的变量拥有一个局部作用域,定义在函数外的拥有全局作用域。

局部变量只能在被声明的函数内部访问,而全局变量可以在整个程序范围内访问。调用函数时,所有在函数内声明的变量名称都将被加入到作用域中。示例代码如下。

```
total=0;
def  sum(arg1,arg2):
#返回 2 个参数的和."
    total=arg1+arg2;#total 在这里是局部变量.
    print("Inside the function local total:",total)
```

```
#调用 sum 函数
sum(10,20);
print("Outside the function global total:",total)
```

输出结果为：

```
Inside the function local total::30
Outside the function global total:0
```

## 5.3　函数的调用

定义一个函数只给了函数一个名称，指定了函数里包含的参数，和代码块结构。一个函数的基本结构完成以后，你可以通过另一个函数调用执行，也可以直接从 Python 提示符处执行。如下面的实例调用了 printme()函数，代码如下。

```
def     printme(str):      #"打印任何传入的字符串"
        print (str);
        return;
printme("我要调用用户自定义函数!");
printme("再次调用同一函数");
```

输出结果为：

```
我要调用用户自定义函数!
再次调用同一函数
```

所有参数(自变量)在 Python 里都是按引用传递。如果你在函数里修改了参数，那么在调用这个函数的函数里，原始的参数也被改变了。例如：

```
def     changeme(mylist):      #"修改传入的列表"
        mylist.append([1,2,3,4]);
        print("函数内取值:",mylist)
        return
mylist=[10,20,30];
changeme(mylist);
print("函数外取值:",mylist)
```

传入函数的和在末尾添加新内容的对象用的是同一个引用。故输出结果为：

```
函数内取值:[10,20,30,[1,2,3,4]]
函数外取值:[10,20,30,[1,2,3,4]]
```

# 5.4 函数的参数与返回值

## 5.4.1 函数的参数

调用函数时，可使用的正式参数类型有必备参数、命名参数、缺省参数、不定长参数。

**1. 必备参数**

必备参数须以正确的顺序传入函数，调用时的数量必须和声明时的一样。

调用 printme()函数，你必须传入一个参数，不然会出现语法错误，示例代码如下。

```
def   printme(str):
          print (str)
          return;
printme();
```

输出结果为：

```
Traceback(most recent calllast):
File"<pyshell#4>",line 11,in<module>
printme();
TypeError: printme() missing 1 required positional argument: 'str'
```

**2. 命名参数**

命名参数和函数的调用关系紧密，调用方用参数的命名确定传入的参数值。你可以跳过不传入的参数或按任意顺序指定参数，因为 Python 解释器能够用参数名匹配参数值。用命名参数调用 printme()函数的代码如下。

```
def printme(str):
"打印任何传入的字符串"
     printstr;
     return;
#调用 printme 函数
printme(str="Mystring");
```

实例输出结果为：

```
Mystring
```

下例能将命名参数的顺序不重要性展示得更清楚，代码如下。

```
def  printinfo(name,age):  #"打印任何传入的字符串"
    print("Name:",name)
    print("Age:",age)
    return
#调用 printinfo 函数
printinfo(age=50,name="miki");
```

输出结果为：

```
Name:miki
Age50
```

### 3. 缺省参数

在调用函数时，缺省参数的值如果没有传入，则被认为是默认值。示例代码如下。

```
def  printinfo(name,age=35):
"打印任何传入的字符串"
    print("Name:",name)
    print("Age:",age)
    return
#调用 printinfo 函数
printinfo(age=50,name="miki");
printinfo(name="miki");
```

输出结果为：

```
Name:miki
Age50
Name:miki
Age35
```

### 4. 不定长参数

你可能需要一个函数能处理比当初声明时更多的参数。这些参数叫做不定长参数，和上述 2 种参数不同，声明时不会命名。基本语法如下：

```
def   functionname([formal_args,] * var_args_tuple):
"函数_文档字符串"
        function_suite
        return[expression]
```

加了星号(*)的变量名会存放所有未命名的变量参数。示例代码如下。

```
def   printinfo(arg1,vartuple):
"打印任何传入的参数"
    print("输出:")
    print(arg1)
    for var in vartuple:
        print(var)
    return
#调用 printinfo 函数
printinfo(10);
printinfo(70,60,50);
```

输出结果为:

```
输出:
10
输出:
70
60
50
```

### 5.4.2 函数的返回值

return 语句[表达式]退出函数,选择性地向调用方返回一个表达式。不带参数值的 return 语句返回 None。之前的例子都没有示范如何返回数值,示例代码如下。

```
def   sum(arg1,arg2):
#返回 2 个参数的和."
    total=arg1+arg2
    print("Inside the function:",total)
    return total;
```

```
#调用 sum 函数
total=sum(10,20);
print("Outside the function:",total)
```

输出结果为：

```
Inside the function:30
Outside the function:30
```

## 5.5 匿名函数

匿名函数是指一个没有名称的函数，使用 lambda 关键词能创建小型匿名函数。Lambda 函数能接收任何数量的参数，但只能返回一个表达式的值，同时不能包含命令或多个表达式。匿名函数不能直接调用 print，因为 lambda 需要一个表达式。lambda 函数拥有自己的名字空间，且不能访问自有参数列表之外或全局名字空间里的参数。虽然 lambda 函数看起来只能写一行，却不等同于 C 或 C++的内联函数，后者的目的是在调用小函数时不占用栈内存，从而增加运行效率。lambda 函数的语法只包含一个语句，如下：

```
lambda[arg1[,arg2,.....argn]]:expression
```

示例代码如下：

```
sum=lambda arg1,arg2:arg1+arg2;
#调用 sum 函数
print("Value of total:",sum(10,20)
print("Value of total:",sum(20,20)
```

输出结果为：

```
Value of total:30
Value of total:40
```

# Python 异常处理

## 6.1 异常概述

程序运行时常会碰到一些错误，例如除数为0、年龄为负数、数组下标越界等，这些错误如果不及时发现并加以处理，很可能会导致程序崩溃。异常是一个事件，该事件会在程序执行过程中发生，从而影响程序的正常执行。可以简单的理解，异常处理机制就是在程序运行出现错误时，让 Python 解释器执行事先准备好的除错程序，进而尝试恢复程序的执行。借助异常处理机制，甚至在程序崩溃前也可以做一些必要的工作，例如将内存中的数据写入文件、关闭打开的文件、释放分配的内存等。Python 异常处理机制会涉及 try、except、else、finally 这4个关键字，同时还提供了可主动使程序引发异常的 raise 语句。

异常是 Python 对象，表示一个错误。当 Python 脚本发生异常时我们需要捕获处理它，否则程序会终止执行。一般情况下，Python 在无法正常处理程序时就会显示发生一个异常。表6-1列出了一些常用异常的名称及其情况描述。

表6-1 常见异常列表

| 异常名称 | 情况描述 |
|---|---|
| ArithmeticError | 所有数值计算错误的基类 |
| AssertionError | 断言语句失败 |
| AttributeError | 对象没有这个属性 |
| BaseException | 所有异常的基类 |
| DeprecationWarning | 关于被弃用的特征的警告 |
| EnvironmentError | 操作系统错误的基类 |
| EOFError | 没有内建输入，到达 EOF 标记 |
| Exception | 常规错误的基类 |
| FloatingPointError | 浮点计算错误 |
| FutureWarning | 关于构造将来语义会有改变的警告 |
| GeneratorExit | 生成器(generator)发生异常来通知退出 |

（续表）

| 异常名称 | 情 况 描 述 |
|---|---|
| ImportError | 导入模块/对象失败 |
| IndentationError | 缩进错误 |
| IndexError | 序列中没有此索引（index） |
| IOError | 输入/输出操作失败 |
| KeyboardInterrupt | 用户中断执行（通常是输入^C） |
| KeyError | 映射中没有这个键 |
| LookupError | 无效数据查询的基类 |
| MemoryError | 内存溢出错误（对于 Python 解释器不是致命的） |
| NameError | 未声明/初始化对象（没有属性） |
| NotImplementedError | 尚未实现的方法 |
| OSError | 操作系统错误 |
| OverflowError | 数值运算超出最大限制 |
| OverflowWarning | 旧的关于自动提升为长整型（long）的警告 |
| PendingDeprecationWarning | 关于特性将会被废弃的警告 |
| ReferenceError | 弱引用（Weakreference）试图访问已经垃圾回收了的对象 |
| RuntimeError | 一般的运行时错误 |
| RuntimeWarning | 可疑的运行时行为（runtimebehavior）的警告 |
| StandardError | 所有的内建标准异常的基类 |
| StopIteration | 迭代器没有更多的值 |
| SyntaxError | Python 语法错误 |
| SyntaxWarning | 可疑的语法的警告 |
| SystemError | 一般的解释器系统错误 |
| SystemExit | 解释器请求退出 |
| TabError | Tab 和空格混用 |
| TypeError | 对类型无效的操作 |
| UnboundLocalError | 访问未初始化的本地变量 |
| UnicodeDecodeError | Unicode 解码时的错误 |
| UnicodeEncodeError | Unicode 编码时错误 |
| UnicodeError | Unicode 相关的错误 |
| UnicodeTranslateError | Unicode 转换时错误 |
| UserWarning | 用户代码生成的警告 |

（续表）

| 异常名称 | 情况描述 |
|---|---|
| ValueError | 传入无效的参数 |
| Warning | 警告的基类 |
| WindowsError | 系统调用失败 |
| ZeroDivisionError | 除(或取模)零(所有数据类型) |

## 6.2 异常处理方法

### 6.2.1 try-except 语句

捕捉异常可以使用 try-except 语句。try-except 语句是用来检测 try 语句块中的错误，从而让 except 语句捕获异常信息并处理。如果不想在异常发生时结束程序，只需在 try 里捕获它。以下为简单的 try...except...else 语法。

```
try:
<语句>#运行别的代码
except<名字>:
<语句>#如果在 try 部份引发了'name'异常
except<名字>,<数据>:
<语句>#如果引发了'name'异常，获得附加的数据
else:
<语句>#如果没有异常发生
```

try 的工作原理：当开始运行一个 try 语句时，Python 就在当前程序的上下文中做标记，这样当异常出现时就可以回到这里，try 子句先执行，接下来会发生什么，依赖于执行时是否出现异常。如果当 try 后的语句执行时发生异常，Python 就跳回到 try 并执行第一个匹配该异常的 except 子句，异常处理完毕，控制流就通过整个 try 语句(除非在处理异常时又引发新的异常)。如果在 try 后的语句里发生了异常，却没有匹配的 except 子句，异常将被递交到上层的 try，或者到程序的最上层(这样将结束程序，并打印缺省的出错信息)。如果在 try 子句执行时没有发生异常，Python 将执行 else 语句后的语句(如果有 else 的话)，然后控制流通过整个 try 语句。

[例 6-1]打开一个文件，在该文件中的内容写入内容，且并未发生异常，代码如下。

```
try:
    fh=open("testfile","w")
    fh.write("This is my test file for exception handling!")
    exceptIOError:
    print("Error:can\'t find file or read data")
else:
    print("Written content in the file successfully")
    fh.close()
```

输出结果为

```
Written content in the file successfully
```

[例 6 - 2]打开一个文件,在该文件中写入内容,但文件没有写入权限,发生了异常,代码如下。

```
try:
    fh=open("testfile","w")
    fh.write("This is my test file for exception handling!")
    exceptIOError:
    print("Error:can\'t find file or read data")
else:
    print("Written content in the file successfully")
```

输出结果为

```
Error:can't find file or read data
```

但这不是一个很好的方式,我们不能通过该程序识别出具体的异常信息。

### 6.2.2　使用 except 而不带任何异常类型

[例 6 - 3]可以不带任何异常类型使用 except 捕获所有发生的异常,代码如下。

```
try:
      You do your operations here;
......................
```

```
except:
    If there is no exception then execute this block.
......................
else:
    If there is no exception then execute this block.
```

### 6.2.3 try-finally 语句

try-finally 语句表示无论是否发生异常都将执行最后的代码。格式如下。

```
try:
<语句>
finally:
<语句>#退出 try 时总会执行
raise
```

你可以使用 except 语句或者 finally 语句,但是两者不能同时使用. else 语句也不能与 finally 语句同时使用.

[例 6-4]try-finally 语句演示代码如下。

```
try:
    fh=open("testfile","w")
    fh.write("This is my test file for exception handling!")
finally:
    print("Error:can\'t find file or read data")
```

如果打开的文件没有可写权限,输出如下所示:

```
Error:can't find file or read data
```

同样的例子也可以写成如下方式:

```
try:
    fh=open("testfile","w")
try:
    fh.write("This is my test file for exception handling!")
```

```
finally:
    print("Going to close the file")
    fh.close()
    exceptIOError:
    print("Error:can\'t find file or read data")
```

当在 try 块中抛出一个异常，立即执行 finally 块代码。finally 块中的所有语句执行后，异常被再次提出，并执行 except 块代码，参数的内容不同于异常。

### 6.2.4　触发异常

我们可以使用 raise 语句自己触发异常。raise 语法格式如下：

```
raise[Exception[,args[,traceback]]]
```

在 raise 语句中，Exception 是异常的类型。该参数是可选的，如果不提供，异常的参数是"None"。最后一个参数是可选的（在实践中很少使用），如果存在，是跟踪异常对象。

一个异常可以是一个字符串、类或对象。Python 的内核提供的异常，大多数都是实例化的类，这是一个类的实例的参数。

定义一个异常非常简单，如下所示：

```
def   functionName(level):
    if   level<1:
        raise"Invalid level! ",level
```

为了能够捕获异常，except 语句必须用相同的异常来抛出类对象或者字符串。

# 第7章 模块与库

## 7.1 模块概述

Python 项目组织结构包括:包、模块、类及函数变量。包是指对应一个文件夹,包含多个模块文件;模块是指对应一个.py 文件,包含一个或多个类;类中包含函数与变量;函数是用来实现特定功能的。

Python 提供了强大的模块支持,Python 标准库中不仅包含了大量的模块(称为标准模块),还有大量的第三方模块,开发者自己也可以开发自定义模块。通过这些强大的模块可以极大地提高开发者的开发效率。

那么,模块到底指的是什么呢? 模块(module)就是 Python 程序,换句话说,任何 Python 程序都可以作为模块,包括在前面章节中写的所有 Python 程序,都可以作为模块。

可以把模块比作一盒积木,通过它可以拼出多种主题的玩具,这与前面介绍的函数不同,一个函数仅相当于一块积木,而在一个模块(.py 文件)中可以包含多个函数,也就是很多积木。模块和函数的关系如图 7-1 所示。

图 7-1 模块和函数的关系

经过前面的学习,你已经能够将 Python 代码写到一个文件中,但随着程序功能的日益复杂,程序体积会不断变大,为了便于维护,通常会将其分为多个文件(模块),这样不仅可以提高代码的可维护性,还可以提高代码的可重用性。代码的可重用性体现在,当编写好一个模块后,只要编程过程中需要用到该模块中的某个功能(由变量、函数、类实现),无

需做重复性的编写工作，直接在程序中导入该模块即可使用该功能。

本节所介绍的模块，可以理解为是对代码更高级的封装，即把能够实现某一特定功能的代码编写在同一个.py文件中，并将其作为一个独立的模块，这样既可以方便其他程序或脚本导入并使用，同时还能有效避免函数名和变量名发生冲突。

举个简单的例子，在某一目录下(桌面也可以)创建一个名为hello.py文件，其包含的代码如下：

```
def say ():
    print("Hello, World! ")
```

在同一目录下，再创建一个say.py文件，其包含的代码如下：

```
#通过 import 关键字，将 hello.py 模块引入此文件
import hello
hello.say()
```

运行say.py文件，其输出结果为：

```
Hello, World!
```

你可能注意到，say.py文件中使用了原本在hello.py文件中才有的say()函数，相对于day.py来说，hello.py就是一个自定义的模块(有关自定义模块，后续章节会做详细讲解)，我们只需要将hellp.py模块导入到say.py文件中，就可以直接在say.py文件中使用模块中的资源。

与此同时，当调用模块中的say()函数时，使用的语法格式为“模块名.函数”，因为相对于say.py文件，hello.py文件中的代码自成一个命名空间，因此在调用其他模块中的函数时，需要明确指明函数的出处，否则Python解释器将会报错。

Python的模块类型包含内置模块、自定义模块、第三方模块。内置模块是指Python官方组织编写和维护的模块；自定义模块是指自己写代码，然后将代码块保存为.py文件；第三方模块是指别人写好的，具有特定功能的模块，我们需要下载才可以使用。

## 7.2 模块的导入方法

### 7.2.1 常规导入

常规导入是最常使用的导入方式，只需要使用import，然后指定希望导入的模块或者包即可。

现在可以调用模块里的函数和变量，但是必须通过【模块名.函数名()】和【模块名.变量名】的方式调用。创建类实例的时候，需要使用【实例名＝模块名.类名()】进行创建，创建实例后调用类方法及属性可以使用【实例名.函数名()】和【实例名.变量名】。如将模块 A 重新命名为 a，示例代码如下。

```
>>>import A as a
```

### 7.2.2 使用 from 语句导入

若只想要导入一个模块或者库的某一部分，可使用 from 语句导入。导入模块 A 中的对象 B，调用对象 B 中的函数和变量可以不加模块名，代码如下。

```
>>>from A import B
```

导入模块 A 中的多个对象 B，C，D。

```
>>>from A import B,C,D
```

导入模块 A 中所有对象，代码如下。

```
>>>from A import *
```

## 7.3 常用的一些模块

### 7.3.1 os 模块

操作系统(operation system，os)模块是 Python 标准库中的一个用于访问操作系统功能的模块，它是 Python 对操作系统接口的封装，os 模块为多数操作系统提供了功能接口函数。

1. 查看当前路径及路径下的文件

os.getcwd()：查看当前所在路径。【具体到当前脚本的上一级】

os.listdir(path)：列举 path 目录下的所有文件，返回的是列表类型。代码如下。

```
import os
os.getcwd()                  #'D:\\pythontest\\ostest'
os.listdir(os.getcwd())          #['hello.py','test.txt']
```

2. 查看绝对路径

os.path.abspath(path):返回当前文件位置的绝对路径。

os.path.realpath(path):返回当前文件位置的真实路径。

注意:如果 os.path.abspath(.)已在被定义的方法中,则返回的绝对路径是调用该方法的模块的绝对路径,而不是方法的绝对路径。代码如下。

```
import os
print(os.getcwd())
print(os.path.abspath('.'))
print(os.path.abspath('..'))
print(os.path.abspath('../..'))
```

3. 查看指定文件路径

os.path.split(path):将指定文件的路径分解为文件夹路径、文件名,返回的数据类型是元组类型。

(1) 若文件夹路径字符串最后一个字符是\,则只有文件夹路径部分有值。

(2) 若路径字符串中均无\,则只有文件名部分有值。

(3) 若路径字符串有\,且不在最后,则文件夹和文件名均有值。且返回的文件名的结果不包含\。

4. 路径拼接

os.path.join(path1, path2, ...):将入参的 path 进行组合,若其中有绝对路径,则之前的 path 将被删除。代码如下。

```
os.path.split('D:\\pythontest\\ostest\\Hello.py')    #    ('D:\\pythontest\\ostest', 'Hello.py')
os.path.split('.')   #   ('', '.')
os.path.split('D:\\pythontest\\ostest\\')   #   ('D:\\pythontest\\ostest', '')
os.path.split('D:\\pythontest\\ostest')   #   ('D:\\pythontest', 'ostest')
os.path.join('D:\\pythontest', 'ostest')   #   'D:\\pythontest\\ostest'
os.path.join('D:\\pythontest\\ostest','hello.py')
```

5. 获取文件夹路径

os.path.dirname(path):返回 path 中的文件夹路径部分,且路径结尾不包含'\'。【即返回文件的路径(此路径不包含文件名)】代码如下。

```
os.path.dirname('D:\\pythontest\\ostest\\hello.py')
os.path.dirname('.')
os.path.dirname('D:\\pythontest\\ostest\\')
os.path.dirname('D:\\pythontest\\ostest')
```

### 6. 获取路径和文件名

os.path.basename(path)：返回 path 中的文件名。代码如下。

```
os.path.basename('D:\\pythontest\\ostest\\hello.py')
os.path.basename('.')
os.path.basename('D:\\pythontest\\ostest\\')
os.path.basename('D:\\pythontest\\ostest')
```

### 7. 查看文件是否存在

os.path.exists(path)：判断文件或者文件夹是否存在，返回 True 或 False。【文件或文件夹的名字不区分大小写】代码如下。

```
os.listdir(os.getcwd())
os.path.exists('D:\\pythontest\\ostest\\hello.py')   #   True
os.path.exists('D:\\pythontest\\ostest\\Hello.py')   #   True
os.path.exists('D:\\pythontest\\ostest\\Hello1.py')   #   False
```

### 8. os 模块中操作目录以及文件的函数

os.mkdir('文件夹名')：新建文件夹；入参为目录路径，不可为文件路径；(父目录必须存在的情况下创建下一级文件夹)。

os.rmdir('文件夹名')：删除文件夹；入参为目录路径，不可为文件路径。

os.remove('文件路径')：删除文件；入参为文件路径，不可为目录路径。

os.makedirs('路径及文件')：递归新建文件夹；可以连续创建该文件夹的多级目录。

os.path.isdir('路径')：判断入参路径是否为文件夹，返回值为布尔值；是文件夹返回 True，不是文件夹返回 False。

os.path.isfile('路径')：判断入参路径是否为文件，返回值为布尔值；是文件返回 True，不是文件返回 False。

### 9. os 模块中遍历目录数

一个遍历目录数的函数，它以一种深度优先的策略(depth-first)访问指定的目录。

os.walk(top=path，topdown=True，oneerror=None)

其中，参数 top 表示需要遍历的目录树的路径。参数 topdown 默认为 True，表示首先返回根目录树下的文件，再遍历目录树的子目录。当 topdown 的值为 False 时，则表示先遍历目录树的子目录，返回子目录下的文件，最后返回根目录下的文件。参数 oneerror 的默认值为 None，表示忽略文件遍历时产生的错误；如果不为空，则提供一个自定义函数提示错误信息，后边遍历抛出异常。os.walk()函数的返回值是一个生成器(generator)，每次遍历的对象都是返回的是一个三元组(root，dirs，files)：该元组有 3 个元素，这 3 个元素分别表示每次遍历的路径名、目录列表和文件列表。root 代表当前遍历的目录路径，string 类型；dirs 代表 root 路径下的所有子目录名称，列表中的每个元素是 string 类型，代

表子目录名称;files 代表 root 路径下的所有子文件名称,列表中的每个元素是 string 类型,代表子文件名称。

### 7.3.2 日历模块

calendar 是 Python 的日历模块,此模块的方法都是与日历相关的。模块包含了表 7-1 所示的内置函数。

表 7-1 日历模块常用函数

| 序号 | 函数及示例描述 |
|---|---|
| 1 | calendar.calendar(year,w=2,l=1,c=6)<br>返回一个多行字符串格式的 year 年年历,3 个月一行,间隔距离为 c。每日宽度间隔为 w 字符。每行长度为 21'W+18+2'C。l 是每星期行数 |
| 2 | calendar.firstweekday()<br>返回当前每周起始日期的设置。默认情况下,首次载入 caendar 模块时返回 0,即星期一 |
| 3 | calendar.isleap(year)<br>是闰年返回 True,否则为 false |
| 4 | calendar.leapdays(y1,y2)<br>返回在 Y1,Y2 两年之间的闰年总数 |
| 5 | calendar.month(year,month,w=2,l=1)<br>返回一个多行字符串格式的 year 年 month 月日历,两行标题,一周一行。每日宽度间隔为 w 字符。每行的长度为 7'w+6。l 是每星期的行数 |
| 6 | calendar.monthcalendar(year,month)<br>返回一个整数的单层嵌套列表。每个子列表装载代表一个星期的整数。Year 年 month 月外的日期都设为 0;范围内的日子都由该月第几日表示,从 1 开始 |
| 7 | calendar.monthrange(year,month)<br>返回两个整数。第一个是该月的星期几的日期码,第二个是该月的日期码。日从 0(星期一)到 6(星期日);月从 1 到 12 |
| 8 | calendar.prcal(year,w=2,l=1,c=6)<br>相当于 printcalendar.calendar(year,w,l,c) |
| 9 | calendar.prmonth(year,month,w=2,l=1)<br>相当于 printcalendar.calendar(year,w,l,c) |
| 10 | calendar.setfirstweekday(weekday)<br>设置每周的起始日期码。0(星期一)到 6(星期日) |
| 11 | calendar.timegm(tupletime)<br>和 time.gmtime 相反:接受一个时间元组形式,返回该时刻的时间辍(1970 纪元后经过的浮点秒数) |
| 12 | calendar.weekday(year,month,day)<br>返回给定日期的日期码。0(星期一)到 6(星期日)。月份为 1(一月)到 12(12 月) |

### 7.3.3 时间模块

时间模块有很多功能，如显示当前时间；计算程序执行完的时间；在程序执行时暂停几秒等。time 模块包含了以下内置函数，既有时间处理相的，也有转换时间格式的，具体如表 7-2 所示。

表 7-2 时间模块常用函数

| 序号 | 函数及描述 |
| --- | --- |
| 1 | time.altzone<br>返回格林威治西部的夏令时地区的偏移秒数。如果该地区在格林威治东部会返回负值（如西欧，包括英国）。对夏令时启用地区才能使用 |
| 2 | time.asctime([tupletime])<br>接受时间元组并返回一个可读的形式为"TueDec1118:07:142008"（2008 年 12 月 11 日周二 18 时 07 分 14 秒）的 24 个字符的字符串 |
| 3 | time.clock()<br>用以浮点数计算的秒数返回当前的 CPU 时间。用来衡量不同程序的耗时，比 time.time() 更有用 |
| 4 | time.ctime([secs])<br>作用相当于 asctime(localtime(secs))，未给参数相当于 asctime() |
| 5 | time.gmtime([secs])<br>接收时间辍（1970 纪元后经过的浮点秒数）并返回格林威治天文时间下的时间元组 t。注：t.tm_isdst 始终为 0 |
| 6 | time.localtime([secs])<br>接收时间辍（1970 纪元后经过的浮点秒数）并返回当地时间下的时间元组 t（t.tm_isdst 可取 0 或 1，取决于当地当时是不是夏令时） |
| 7 | time.mktime(tupletime)<br>接受时间元组并返回时间辍（1970 纪元后经过的浮点秒数） |
| 8 | time.sleep(secs)<br>推迟调用线程的运行，secs 指秒数 |
| 9 | time.strftime(fmt[,tupletime])<br>接收以时间元组，并返回以可读字符串表示的当地时间，格式由 fmt 决定 |
| 10 | time.strptime(str,fmt='%a%b%d%H:%M:%S%Y')<br>根据 fmt 的格式把一个时间字符串解析为时间元组 |
| 11 | time.time()<br>返回当前时间的时间戳（1970 纪元后经过的浮点秒数） |
| 12 | time.tzset()<br>根据环境变量 TZ 重新初始化时间相关设置 |

time 模块包含了 2 个非常重要的属性：①time.timezone。属性 time.timezone 是当地时区（未启动夏令时）距离格林威治的偏移秒数（>0，美洲；<=0 大部分欧洲，亚洲，非洲）。②time.tzname。属性 time.tzname 包含一对根据情况的不同而不同的字符串，分

别是带夏令时的本地时区名称。

### 7.3.4 正则表达式模块

正则表达式是一个特殊的字符序列，它能帮助你方便地检查一个字符串是否与某种模式匹配。Python 自 1.5 版本起增加了 re 模块，它提供 Perl 风格的正则表达式模式。

re 模块使 Python 语言拥有全部的正则表达式功能。compile 函数根据一个模式字符串和可选的标志参数生成一个正则表达式对象。该对象拥有一系列方法用于正则表达式匹配和替换。re 模块也提供了与这些方法功能完全一致的函数，这些函数使用一个模式字符串作为它们的第一个参数。

本节主要介绍 Python 中常用的正则表达式处理函数。

1）re.match 函数

re.match 函数尝试从字符串的起始位置匹配一个模式，如果不是起始位置匹配成功的话，函数就返回 none。该函数的语法如下：

```
re.match(pattern,string,flags=0)
```

re.match 函数参数说明如表 7-3 所示。

**表 7-3 re.match 函数参数说明**

| 参数 | 描 述 |
|---|---|
| pattern | 匹配模式的正则表达式 |
| string | 要匹配的字符串 |
| flags | 标志位，用于控制正则表达式的匹配方式，如：是否区分大小写、多行匹配等 |

若匹配成功，re.match 返回一个匹配的对象，否则返回 None。我们可以使用 group(num)或 groups()匹配对象函数来获取匹配表达式。

group(num=0)：匹配整个表达式的字符串，group()可以一次输入多个组号，在这种情况下，它将返回一个包含那些组所对应值的元组。

groups()：返回一个包含所有小组字符串的元组，从 1 到所含的小组号。

[例 7-1]代码如下：

```
import re
line="Cats are smarter than dogs"
matchObj=re.match(r'(.*)are(.*?).*",line,re.M|re.I)
if matchObj:
    print("matchObj.group():",matchObj.group())
    print("matchObj.group(1):",matchObj.group(1))
    print("matchObj.group(2):",matchObj.group(2))
```

```
else:
    print("No match!")
```

示例执行结果如下：

```
No match!!
```

2）re.search 函数

re.search 函数扫描整个字符串并返回第一个成功的匹配。函数语法如下：

```
re.search(pattern,string,flags=0)
```

re.search 函数参数说明如表 7-4 所示。

**表 7-4　re.search 函数参数说明**

| 参数 | 描　述 |
| --- | --- |
| pattern | 匹配的正则表达式 |
| string | 要匹配的字符串 |
| flags | 标志位，用于控制正则表达式的匹配方式，如：是否区分大小写，多行匹配等 |

若匹配成功，re.search 返回一个匹配的对象，否则返回 None。

[例 7-2]代码如下：

```
import  re
line="Cats are smarter than dogs";
matchObj=re.satch(r'(.')are(.'?).",line,re.M|re.I)
if matchObj:
        print("satchObj.group():",matchObj.group())
        print("satchObj.group(1):",matchObj.group(1))
        print("satchObj.group(2):",matchObj.group(2))
else:
    print("No match!!")
```

执行结果如下：

```
search-->matchObj.group():dogs
```

3）re.match 与 re.search 的区别

re.match 只匹配字符串的开始，如果字符串开始不符合正则表达式，则匹配失败，函

数返回 None；而 re. search 匹配整个字符串，直到找到一个匹配。

4）检索和替换

Python 的 re 模块提供了 re. sub 用于替换字符串中的匹配项。

语法：

```
re.sub(pattern,repl,string,max=0)
```

返回的字符串是在字符串中用 re 最左边不重复的匹配来替换。如果模式没有发现，字符将被没有改变地返回。可选参数 count 是模式匹配后替换的最大次数；count 必须是非负整数。缺省值是 0 表示替换所有的匹配。

[例 7-3]代码如下：

```
import re
phone="2004-959-559"
num=re.sub(r'#.'$',"",phone)
print("PhoneNum:",num)
num=re.sub(r'\D',"",phone)
print("PhoneNum:",num)
```

以上实例执行结果如下：

```
PhoneNum:2004-959-559
PhoneNum:2004959559
```

5）正则表达式的修饰符

正则表达式可以包含一些可选标志修饰符来控制匹配的模式。修饰符被指定为一个可选的标志。多个标志可以通过按位 OR(|)来指定。例如 re. I|re. M 被设置成 I 和 M 标志，关于修饰符的描述详见表 7-5。

**表 7-5 修饰符描述**

| 修饰符 | 描　述 |
|---|---|
| re. I | 使匹配对大小写不敏感 |
| re. L | 做本地化识别(locale-aware)匹配 |
| re. M | 多行匹配，影响^和 $ |
| re. S | 使.匹配包括换行在内的所有字符 |
| re. U | 根据 Unicode 字符集解析字符。这个标志影响\w，\W，\b，\B |
| re. X | 该标志通过给予你更灵活的格式以便你将正则表达式写得更易于理解 |

6）正则表达式模式

模式字符串使用特殊的语法来表示一个正则表达式：字母和数字表示他们自身。一个正则表达式模式中的字母和数字匹配同样的字符串。多数字母和数字前加一个反斜杠时会拥有不同的含义。标点符号只有被转义时才匹配自身，否则它们表示特殊的含义。反斜杠本身需要使用反斜杠转义。由于正则表达式通常都包含反斜杠，所以你最好使用原始字符串来表示它们。模式元素（如 r'/t'，等价于'//t'）匹配相应的特殊字符。表 7－6 列出了正则表达式模式语法中的特殊元素。如果你使用模式的同时提供了可选的标志参数，某些模式元素的含义会改变。

**表 7－6　模 式 描 述**

<table>
<tr><th>模式</th><th>描　　述</th></tr>
<tr><td>^</td><td>匹配字符串的开头</td></tr>
<tr><td>$</td><td>匹配字符串的末尾</td></tr>
<tr><td>.</td><td>匹配除了换行符外的任意字符，当 re.DOTALL 标记被指定时，可以匹配包括换行符的任意字符</td></tr>
<tr><td>[...]</td><td>用来表示一组字符，单独列出：[amk]匹配'a'，'m'或'k'</td></tr>
<tr><td>[^...]</td><td>不在[]中的字符：[^abc]匹配除了 a，b，c 之外的字符</td></tr>
<tr><td>re’</td><td>匹配 0 个或多个的表达式</td></tr>
<tr><td>re+</td><td>匹配 1 个或多个的表达式</td></tr>
<tr><td>re?</td><td>匹配 0 个或 1 个由前面的正则表达式定义的片段，非贪婪方式</td></tr>
<tr><td>re{n,}</td><td>精确匹配 n 次前面的表达式</td></tr>
<tr><td>re{n,m}</td><td>匹配 n 到 m 次由前面的正则表达式定义的片段，贪婪方式</td></tr>
<tr><td>a|b</td><td>匹配 a 或 b</td></tr>
<tr><td>(re)</td><td>既匹配括号内的表达式，也表示一个组</td></tr>
<tr><td>(? imx)</td><td>正则表达式包含三种可选标志：i，m，或 x，只影响括号中的区域</td></tr>
<tr><td>(? -imx)</td><td>正则表达式关闭 i，m，或 x 可选标志，只影响括号中的区域</td></tr>
<tr><td>(?:re)</td><td>类似(...)，但是不表示一个组</td></tr>
<tr><td>(? imx:re)</td><td>在括号中使用 i，m，或 x 可选标志</td></tr>
<tr><td>(? -imx:re)</td><td>在括号中不使用 i，m，或 x 可选标志</td></tr>
<tr><td>(? ＃...)</td><td>注释</td></tr>
<tr><td>(? =re)</td><td>如果所含正则表达式，以...表示，在当前位置成功匹配时成功，否则失败。但一旦所含表达式已经尝试，匹配引擎根本没有提高；模式的剩余部分还要尝试界定符的右边</td></tr>
<tr><td>(?! re)</td><td>前向否定界定符。与肯定界定符相反；当所含表达式不能在字符串当前位置匹配时成功</td></tr>
<tr><td>(? >re)</td><td>匹配的独立模式，省去回溯</td></tr>
<tr><td>\w</td><td>匹配字母数字</td></tr>
</table>

（续表）

| 模式 | 描　　述 |
| --- | --- |
| \W | 匹配非字母数字 |
| \s | 匹配任意空白字符，等价于[\t\n\r\f] |
| \S | 匹配任意非空字符 |
| \d | 匹配任意数字，等价于[0-9] |
| \D | 匹配任意非数字 |
| \A | 匹配字符串开始 |
| \Z | 匹配字符串结束，如果是存在换行，只匹配到换行前的结束字符串 |
| \z | 匹配字符串结束 |
| \G | 匹配最后匹配完成的位置 |
| \b | 匹配一个单词边界，也就是指单词和空格间的位置。例如，'er\b'可以匹配"never"中的'er'，但不能匹配"verb"中的'er' |
| \B | 匹配非单词边界。'er\B'能匹配"verb"中的'er'，但不能匹配"never"中的'er' |
| \n，\t，等 | 匹配一个换行符。匹配一个制表符等 |
| \1...\9 | 比赛第 n 个分组的子表达式 |
| \10 | 匹配第 n 个分组的子表达式，如果它经匹配。否则指的是八进制字符码的表达式 |

7）正则表达式实例

（1）字符匹配（见表 7-7）。

**表 7-7　字 符 匹 配**

| 实例 | 描　　述 |
| --- | --- |
| Python | 匹配"Python" |

（2）字符类（见表 7-8）。

**表 7-8　字　符　类**

| 实例 | 描　　述 |
| --- | --- |
| [Pp]ython | 匹配"Python"或"Python" |
| rub[ye] | 匹配"ruby"或"rub" |
| [aeiou] | 匹配中括号内的任意一个字母 |
| [0-9] | 匹配任何数字。类似于[0123456789] |
| [a-z] | 匹配任何小写字母 |
| [A-Z] | 匹配任何大写字母 |

（续表）

| 实例 | 描　　述 |
|---|---|
| [a-zA-Z0-9] | 匹配任何字母及数字 |
| [^aeiou] | 除了 aeiou 字母以外的所有字符 |
| [^0-9] | 匹配除了数字外的字符 |

（3）特殊字符类（见表 7-9）。

**表 7-9　特殊字符类**

| 实例 | 描　　述 |
|---|---|
| . | 匹配除"\n"之外的任何单个字符。要匹配包括'\n'在内的任何字符，请使用'[.\n]'的模式 |
| \d | 匹配一个数字字符。等价于[0-9] |
| \D | 匹配一个非数字字符。等价于[^0-9] |
| \s | 匹配任何空白字符，包括空格、制表符、换页符等。等价于[\f\n\r\t\v] |
| \S | 匹配任何非空白字符。等价于[^\f\n\r\t\v] |
| \w | 匹配包括下划线的任何单词字符。等价于'[A-Za-z0-9_]' |
| \W | 匹配任何非单词字符。等价于'[^A-Za-z0-9_]' |

## 7.4　Python 文件操作

### 7.4.1　文件的基础知识

文件处理的细节在编程语言之间有很大不同，但实际上所有语言都共享某些底层的文件操作概念。

首先，需要将磁盘上的文件与程序中的对象相关联，这个过程称为"打开"文件。一旦文件被打开，其内容即可通过相关联的文件对象来访问。

其次，需要一组可以操作文件对象的操作。这至少包括允许从文件中读取信息并将新信息写入文件的操作。通常文本文件的读取和写入操作类似于基于文本的交互式输入和输出的操作。

最后，在完成文件操作后，它会被"关闭"。在关闭文件时要确保所有必需的记录工作都已完成，从而保持磁盘上的文件和文件对象之间的一致性。例如，如果将信息写入文件对象，则在文件关闭之前，更改可能不会显示在磁盘版本上。

这种打开和关闭文件的思想,与字处理程序这样的应用程序中处理文件的方式密切相关。但是,概念不完全相同。当你在 MicrosoftWord 这样的程序中打开文件时,该文件实际上是从磁盘读取并存储到 RAM 中。用编程术语来说,打开文件以进行读取,然后通过文件读取操作将文件的内容读入内存。此时,文件被关闭(也是在编程意义上)。当你"编辑文件"时,真正改变的是内存中的数据,而不是文件本身。这些更改不会显示在磁盘上的文件中,除非你通知应用程序"保存"。

保存文件还涉及多个步骤过程。第一,磁盘上的原始文件被重新打开,允许它存储信息的模式,磁盘上的文件被打开以进行写入,但这样做实际上会擦除文件之前存储的内容。第二,用文件写入操作将内存中版本的当前内容复制到磁盘上的新文件中。

和其他编程语言一样,Python 也具有操作文件(I/O)的能力,比如打开文件、读取和追加数据、插入和删除数据、关闭文件、删除文件等。除了提供文件操作基本的函数之外,Python 还提供了很多模块,例如 fileinput 模块、pathlib 模块等,通过引入这些模块,可以获得大量实现文件操作可用的函数和方法(类属性和类方法),这可以极大地提高编写代码的效率。

在 Python 中使用文本文件很容易。首先是创建一个与磁盘上的文件相对应的文件对象,这是用 open 函数完成的。通常,文件对象立即分配给变量,代码如下。

```
<variable>=open(<name>,<mode>)
```

其中,name 是一个字符串,它提供了磁盘上文件的名称;mode 参数是字符串"r"或"w",这取决于我们打算从文件中读取还是写入文件。

例如,要打开一个名为"numbers. dat"的文件进行读取,代码如下:

```
infile=open("numbers.dat","r")
```

现在我们可以利用文件对象 infile 从磁盘中读取 numbers. dat 的内容。

Python 提供了三个相关操作从文件中读取信息:

(1) <file>. read()将文件的全部剩余内容作为单个(可能是大的、多行的)字符串返回。

(2) <file>. readline()返回文件的下一行。即所有文本,直到并包括下一个换行符。

(3) <file>. readlines()返回文件中剩余行的列表。每个列表项都是一行,包括结尾处的换行符。下面是用 read 操作将文件内容打印到屏幕上的示例程序,代码如下:

```
def main():
    fname=input("Enter filename:")
    infile=open(fname,"r")
    data=infile.read()
    print(data)
main()
```

程序首先提示用户输入文件名，然后打开文件以便读取变量“infile”。可以使用任意名称作为变量，使用“infile”强调该文件正在用于输入。然后将文件的全部内容读取为一个大字符串并存储在变量 data 中，打印 data 从而显示内容。

readline 操作可用于从文件中读取下一行。对 readline 的连续调用从文件中获取连续的行。这类似于输入，它以交互方式读取字符，直到用户按下“Enter”键。每个对输入的调用从用户获取另一行。但要记住一件事，readline 返回的字符串总是以换行符结束，而 input 会丢弃换行符。

作为一个快速示例，这段代码打印出文件的前五行：

```
infile=open(someFile,"r")
for i in range(5):
line=infile.readline()
print(line[:-1])
```

请注意，利用切片去掉行尾的换行符。由于 print 自动跳转到下一行(即它输出一个换行符)，打印在末尾带有显式换行符时，将在文件行之间多加一个空行输出。或者，你可以打印整行，但告诉 print 不添加自己的换行符。

```
print(line,end="")
```

循环遍历文件全部内容的一种方法，是使用 readlines 读取所有文件，然后循环遍历结果列表：

```
infile=open(someFile,"r") for line in infile.readlines():
```

这种方法的潜在缺点是文件可能非常大，并且一次将其读入列表可能占用太多的 RAM。幸运的是，有一种简单的替代方法。Python 将文件本身视为一系列行，所以循环遍历文件的行可以直接如下进行：

```
infile=open(someFile,"r") for line in infile:
```

这是一种特别方便的方法，每次处理文件的一行。打开用于写入的文件，让该文件准备好接收数据。如果给定名称的文件不存在，就会创建一个新文件。注意：如果存在给定名称的文件，Python 将删除它并创建一个新的空文件。写入文件时，应确保不要破坏你以后需要的任何文件！下面是打开文件用作输出的示例：

```
outfile=open("mydata.out","w")
```

将信息写入文本文件最简单的方法是用已经熟悉的 print 函数。要打印到文件，只需要添加一个指定文件的额外关键字参数：

```
print(...,file=<outputFile>)
```

这个行为与正常打印完全相同,只是结果被发送到输出文件,而不是显示在屏幕上。

### 7.4.2 文件读写三步骤

文件的应用级操作可以分为以下3步,每一步都需要借助对应的函数实现。

(1) 打开文件:使用open()函数,该函数会返回一个文件对象。

(2) 对已打开文件做读/写操作:读取文件内容可使用read()、readline()以及readlines()函数;向文件中写入内容,可以使用write()函数。

(3) 关闭文件:完成对文件的读/写操作之后,最后需要关闭文件,可以使用close()函数。

一个文件,必须在打开之后才能对其进行操作,并且在操作结束之后,还应该将其关闭,这3步的顺序不能打乱。

### 7.4.3 文件开关语法

open(file,mode,encoding):打开文件。

close():关闭文件。

例如:f=open('/letter.txt','r',encoding='UTF-8')

withopen() as…:用这种方式打开文件,可以不使用close()关闭文件。

例如:withopen('/letter.txt','r',encoding='UTF-8') as f:

上述方法中的参数:读写模式mode可参考表7-10。

**表7-10 mode的读写模式参数值**

| mode | 操作 | 若不存在 | 是否覆盖 |
|---|---|---|---|
| r | 只能读不能写 | 报错 | — |
| rb | 二进制只读 | 报错 | — |
| r+ | 可读可写 | 报错 | 是 |
| rb+ | 二进制读写 | 报错 | 是 |
| w | 只能写不能读 | 创建文件 | 是 |
| wb | 二进制只写 | 创建文件 | 是 |
| w+ | 可读可写 | 创建文件 | 是 |
| wb+ | 二进制读写 | 创建文件 | 是 |
| a | 追加不能读 | 创建文件 | 否,追加写 |
| ab | 二进制追加不能读 | 创建文件 | 否,追加写 |
| a+ | 可读可写 | 创建文件 | 否,追加写 |
| ab+ | 二进制追加可读可写 | 创建文件 | 否,追加写 |

### 7.4.4 读写文件语法

read()：读取文件内容。

例如：withopen('/letter.txt','r',encoding='UTF-8')as f：

    content=f.read()

上述代码表示以字符串的形式读取文件内容，将文件内容赋值给变量 content。

readlines()：以列表的方式读取文件内容。

例如：withopen('/letter.txt','r',encoding='UTF-8') as f：

    content=f.readlines()

上述代码表示以列表的形式读取文件内容，将文件内容赋值给变量 content。

write()：清空文件内容，并写入字符串内容。

例如：withopen ('/letter.txt','r',encoding='UTF-8')as f：

    f.write('Python')
    f.writelines('Python')

reader()：读取 csv 文件的函数。

[例 7-4]代码如下：

```
import csv                #导入 csv 模块
withopen('letter.csv') as f:
reader=csv.reader(f)      #读取 csv 文件，将文件内容赋值到 reader
writer()                  #将内容写入 csv 文件
writerow()                #写入一行内容
writerows()               #一次写入多行 csv 文件
```

[例 7-5]代码如下：

```
import csv#导入 csv 模块
withopen('letter.csv','w',newlyne='') as f:
writer=csv.writer(f)                   #写入 csv 文件
writer.writerow(['Python ','编程'])    #写入一行内容
data=[['好好学习','天天向上'],['相信自己','可以做到']]
writer.writerows(data)                 #写入多行内容
```

### 7.4.5 文件操作案例

**1. 为大量用户设置账户**

如果为大量用户设置账户，可以通过批处理的方式进行。在批处理时，程序输入和输出均通过文件完成，新程序设计用于处理一个包含名称的文件，输入文件的每一行将包含

一个新用户的名字和姓氏，用一个或多个空格分隔。该程序产生一个输出文件，其中包含每个生成用户名的行，具体代码如下：

```
def  main():
   print("This program creates a file of usernames")
   print("file of names.")
   infileName=input("What file are the names in?")
   outfileName=input("What file should the usernames go in?")
   infile=open(infileName,"r")
   outfile=open(outfileName,"w")
   uname=(first[0]+last[:7]).lower()
   print(uname,file=outfile)
   infile.close()
   outfile.close()
   print("Usernameshavebeenwrittento",outfileName)
main()
```

同时打开两个文件，一个用于输入(infile)；另一个用于输出(outfile)。另外，当创建用户名时，可以使用字符串方法 lower。请注意，该方法应用于连接产生的字符串。这确保用户名全部是小写，即使输入名称大小写混合。使用文件操作程序经常出现一个问题，即决定如何指定要使用的文件。如果数据文件与你的程序位于同一目录(文件夹)，那么只需键入正确的文件名称。没有其他信息，Python 将在“当前”目录中查找文件。然而，有时很难知道文件的完整名称是什么。大多数现代操作系统使用具有类似<name>.<type>形式的文件名，其中 type 部分是描述文件包含什么类型数据的短扩展名(3 个或 4 个字母)。例如，用户名可能存储在名为“users.txt”的文件中，其中“.txt”扩展名表示文本文件。但一些操作系统(如 Windows 和 macOS)默认情况下只显示在点之前的名称的部分，所以很难找出完整的文件名。

当文件存储在当前目录之外的某处时，想要快速找到该文件会比较困难。为了快速找到这些远程文件，必须在用户的计算机系统中指定完整路径用于定位文件。在 Windows 系统上，带有路径的完整文件名可以是 C:/users/abc/Documents/Python_Programs/users.txt。这不仅需要打很多字，而且大多数用户甚至可能不知道如何找出其系统上任何给定文件的完整路径+文件名。这个问题的解决方案是允许用户可视化地浏览文件系统，并导航到特定的目录/文件。向用户请求打开或保存文件名是许多应用程序的常见任务，底层操作系统通常提供一种标准的、熟悉的方式来执行此操作。通常的技术包括对话框(用于用户交互的特殊窗口)，它允许用户使用鼠标在文件系统中单击并且选择或键入文件的名称。幸运的是，包含在(大多数)标准 Python 安装中的 tkinterGUI 库提供了一些简单易用的函数，用于创建用于获取文件名的对话框。

### 2. 文件对话框

对话框用于与用户交互和检索信息。模块 tkinter 的子模块 filedialog 包含用于打开文件对话框的函数 askopenfilename()。在程序的顶部,需要导入该函数:

```
from  tkinter.filedialog  import  askopenfilename
```

在导入中使用点符号,是因为 tkinter 是由多个模块组成的包。在这个例子中,可以从 tkinter 中指定 filedialog 模块,而不是从这个模块中导入一切,调用 askopenfilename()将弹出一个系统对应的文件对话框。例如,要获取用户名文件的名称,代码如下:

```
infileName=askopenfilename()
```

该对话框允许用户键入文件的名称或简单地用鼠标选择它。当用户单击“打开”按钮时,文件的完整路径名称将作为字符串返回并保存到变量 infileName 中。如果用户单击“取消”按钮,该函数将简单地返回一个空字符串。Python 的 tkinter 提供了一个类似的函数 asksaveasfilename(),用于保存文件。它的用法非常相似。代码如下:

```
from tkinter.filedialog import asksaveasfilename
outfileName=asksaveasfilename()
```

可以同时导入这两个函数,代码如下:

```
from tkinter.filedialog import askopenfilename,asksaveasfilename
```

这两个函数还有许多可选参数让程序可以定制得到的对话框,例如改变标题或建议默认文件名。

## 7.5 常见科学计算库及其使用

人类认识世界遵循由表及里、由定性到定量、由数据到规律的过程。无论是说明事物属性、展示数据规律、阐述规律原理,还是论述观点、支持决策、预测分析,都离不开基于数学和运算的科学表达,这需要科学计算的支持。科学计算是为了解决科学和工程中的数学问题而利用计算机进行的数值计算,它不仅是科学家在运算自然规律时所采用的方法,也是我们提升专业化程度的必要手段。Python 语言为开展人人都能使用的科学计算提供了有力支持。

开展基本的科学计算需要两个步骤:组织数据和展示数据。组织数据是运算的基础,也是将客观世界数字化的必要手段;展示数据是体现运算结果的重要方式,也是展示结论的有力武器。本章将分别介绍用于组织和运算数据的第三方 Python 库 NumPy、展示数据并绘制专业图表的第三方库 Matplotlib。

科学计算不仅能够展示数字结果，还能够与 PIL 图像库混合使用产生有趣的手绘效果，更能够让数据展示变得非常专业。掌握这些能力需要了解 Python 的两个第三方库：NumPy 库、Matplotlib 库。

先补充一个简单的数学概念——矩阵。数学的矩阵(Matrix)是一个按照长方阵列排列的复数或实数集合，最早来自方程组的系数及常数所构成的方阵。矩阵是高等代数学中的常见工具，主要应用于统计数学、物理学、电路学、力学、光学、量子物理、计算机图像和动画等领域。

传统的科学计算主要基于矩阵运算，因为大量数值通过矩阵可以有效组织和表达。科学计算领域最著名的计算平台 Matlab 采用矩阵作为最基础的变量类型。矩阵有维度概念，一维矩阵是线性的，类似于列表；二维矩阵是表格状的，这是常用的数据表示形式。科学计算与传统计算的一个显著区别在于，科学计算以矩阵而不是单一数值为基础，增加了计算密度能够表达更为复杂的数据运算逻辑。

### 7.5.1 NumPy 库

Python 标准库中提供了一个 Array 类型，用于保存数组类型数据，然而这个类型不支持多维数据，处理函数也不够丰富，不适合数值运算。因此，Python 语言的第三方库 NumPy 得到了迅速发展，至今 NumPy 已经成为科学计算事实上的标准库。

NumPy 库处理的最基础数据类型是由同种元素构成的多维数组(Ndarray)，以下简称“数组”。数组中所有元素的类型必须相同，数组中元素可以用整数索引，序号从 0 开始。Ndarray 类型的维度(Dimensions)叫做轴(Axes)，轴的个数叫做秩(Rank)。一维数组的秩为 1，二维数组的秩为 2，二维数组相当于由两个一维数组构成。

由于 NumPy 库中函数较多且命名容易与常用命名混淆，建议采用如下方式引用 NumPy 库：import numpy as np。

其中，as 保留字与 import 一起使用能够改变后续代码中库的命名空间，有助于提高代码可读性。简单地说，在程序的后续部分中，np 代替 NumPy。

NumPy 库常用的创建数组(Ndarray 类型)函数共有 7 个，如表 7－11 所示。

**表 7－11 NumPy 库常用的数组创建函数**

| 函数 | 描　述 |
|---|---|
| np.array([x,y,z],dtype=int) | 从 Python 列表和元组创造数组 |
| np.arange(x,y,i) | 创建一个由 $x$ 到 $y$，以 $i$ 为步长的数组 |
| np.linspace(x,y,n) | 创建一个由 $x$ 到 $y$，等分成 $n$ 个元素的数组 |
| np.indices((m,n)) | 创建一个 $m$ 行 $n$ 列的矩阵 |
| np.random.rand(m,n) | 创建一个 $m$ 行 $n$ 列的随机数组 |
| np.ones((ra,n),dtype) | 创建一个 $m$ 行 $n$ 列全 1 的数组，dtype 是数据类型 |
| np.empty((m,n),dtype) | 创建一个 $m$ 行 $n$ 列全 0 的数组，dtype 是数据类型 |

创建一个简单的数组后,可以查看 Ndarray 类的基本属性,如表 7-12 所示。

表 7-12　ndarray 类的基本属性

| 属性 | 描　述 |
| --- | --- |
| ndarray. ndim | 数组轴的个数,也被称作秩 |
| ndarray. shape | 数组在每个维度上大小的整数元组 |
| ndarray. size | 数组元素的总个数 |
| ndarray. dtype | 数组元素的数据类型,dtype 类型可以用于创建数组 |
| ndarray. itemsize | 数组中每个元素的字节大小 |
| ndarray. data | 包含实际数组元素的缓冲区地址 |
| ndarray. flat | 数组元素的迭代器 |

数组在 NumPy 中被当作对象,可以采用<a>.<b>()方式调用一些方法。表 7-13 给出了改变数组基础形态的操作方法,例如改变和调换数组维度等。其中,np. flatten()函数用于数组降维,相当于平铺数组中的数据,该功能在矩阵运算及图像处理中用处很大。

表 7-13　ndarray 类的形态操作方法

| 方法 | 描　述 |
| --- | --- |
| ndarray. reshape(n,m) | 不改变数组 ndarray,返回一个维度为(n,m)的数组 |
| ndarray. resize(newshape) | 与 reshape 作用相同,直接修改数组 ndarray |
| ndarray. swapaxes(ax1,ax2) | 将数组 $n$ 个维度中任意两个维度进行调换 |
| ndarray. flatten() | 对数组进行降维,返回一个折叠后的一维数组 |
| ndarray. ravel() | 作用同 np. flatten(),但是返回数组的一个视图 |

除了 Ndarray 类型方法外,NumPy 库还提供了一批运算函数。表 7-14 列出了 NumPy 库的算术运算函数,共 8 个。这些函数中,输出参数 $y$ 可选,如果没有指定,将创建并返回一个新的数组保存计算结果;如果指定参数,则将结果保存到参数中。例如,两个数组相加可以简单地写为 $a+b$,而 np. add(a,b,a)则表示 $a+=b$。

表 7-14　NumPy 库的算术运算函数

| 函数 | 符号描述 |
| --- | --- |
| np. add(x1,x2[,y]) | y=x1+x2 |
| np. subtract(x1,x2[,y]) | y=x1−x2 |
| np. divide(x1,x2[,y]) | y=x1/x2 |
| npfloordivide(x1,x2[,y]) | y=x1//x2,返回值取整 |
| np. negative(x[,y]) | y=−x |
| np. remainderfx1,x2[,y]) | y=x1%x2 |

表 7－15 列出了 NumPy 库的比较运算函数，共 7 个。

**表 7－15　NumPy 库的比较运算函数**

| 函数 | 符号描述 |
|---|---|
| np.equal(x1,x2[,y]) | y=x1=x2 |
| np.notequal(x1,x2[,y]) | y=x1!=x2 |
| np.less(x1,x2,[,y]) | y=x1<x2 |
| np.lessequal(x1,x2,[,y]) | y=x1<=x2 |
| np.greater(x1,x2,[,y]) | y=x1>x2 |
| np.greaterequal(x1,x2,[,y]) | y=x1>=x2 |
| np.where(condition[x,y]) | 根据给出的条件判断输出 x 还是 y |

表 7－16 中列出了 NumPy 其他一些有趣而操作方便的函数。

**表 7－16　NumPy 库的其他运算函数**

| 函数 | 描述 |
|---|---|
| np.abs(x) | 计算基于元素的整型、浮点或复数的绝对值 |
| np.sqrt(x) | 计算每个元素的平方根 |
| np.squre(x) | 计算每个元素的平方 |
| np.sign(x) | 计算每个元素的符号：1(+)、0、−1(−) |
| np.ceil(x) | 计算大于或等于每个元素的最小值 |
| np.floor(x) | 计算小于或等于每个元素的最大值 |
| np.rint(x[,out]) | 圆整，取每个元素为最近的整数，保留数据类型 |
| np.exp(x[,out]) | 计算每个元素的指数值 |
| np.log(x),np.log10(x),np.log2(x) | 计算自然对数(e)，基于 10、2 的对数，log(1+$x$) |

NumPy 库还包括三角运算函数、傅里叶变换、随机和概率分布、基本数值统计、位运算、矩阵运算等非常丰富的功能，读者在使用时可以到官方网站查询。

### 7.5.2　Matplotlib 库

Matplotlib 是 Python 最著名的绘图库，该库仿造 Matlab 提供了一整套类似的绘图函数，用于绘图和绘表，它拥有强大的数据可视化工具和绘图库，适合交互式绘图。

matplotlib.pyplot 是 matplotlib 的字库，引用方式如下：

```
import matplotlib.pyplot as plt
```

上述语句与 import matplotlib. pyplot 一致，as 保留字与 import一起使用能够改变后续代码中库的命名空间，有助于提高代码可读性。简单地说，在后续程序中 plt 将代替 matplotlib. pyplot。

为了正确显示中文字体，请用以下代码更改默认设置如表 7－17 所示，其中 SimHei，表示黑体字。

**表 7－17　字体名称的中英文对照**

| 字体名称 | 字体英文表示 |
|---|---|
| 宋体 | SimSun |
| 黑体 | SimHei |
| 楷体 | KaiTi |
| 微软雅黑 | MicrosoftYaHei |
| 隶书 | LiSu |
| 仿宋 | FangSong |
| 幼圆 | YouYuan |
| 华文宋体 | STSong |
| 华文黑体 | STHeiti |
| 苹果丽中黑 | AppleLiGothicMedium |

Matplotlib 库由一系列有组织、有隶属关系的对象构成，这对于基础绘图操作来说显得过于复杂。因此，Matplotlib 提供了一套快捷命令式的绘图接口函数，即 pyplot 子模块。pyplot 将绘图所需要的对象构建过程封装在函数中，对用户提供了更加友好的接口。pyplot 模块提供一批预定义的绘图函数，大多数函数可以从函数名中辨别它的功能。

从本节开始，使用 plt 代替 matplotlib. pyplotopit 子库提供了一批操作和绘图函数，每个函数代表对图像进行的一个操作，比如创建绘图区域、添加标注或者修改坐标轴等。这些函数采用 plt. <b>()形式调用，其中<b>是代表具体函数名称。

plt 子库中包含了 4 个与绘图区域有关的函数，如表 7－18 所示。

**表 7－18　plt 库的绘图区域函数**

| 函数 | 描述 |
|---|---|
| plt. figure(figsize=None, facecolor=None) | 创建一个全局绘图区域 |
| plt. axes(rect, axisbg='w') | 创建一个坐标系风格的子绘图区域 |
| plt. subplot(nrows, ncols, plotnumber) | 在全局绘图区域中创建一个子绘图区域 |
| plt. subplots_adjust() | 调整子绘图区域的布局 |

使用 figure()函数创建一个全局绘图区域，并且使它成为当前的绘图对象，figsize 参

数可以指定绘图区域的宽度和高度，单位为英寸。鉴于 figure 函数参数较多，这里采用指定参数名称的方式输入参数。

```
figure(figsize=(8,4))
```

绘制图像之前也可不调用 figure()函数创建全局绘图区域，此时，plt 子库会自动创建一个默认的绘图区域。显示绘图区域的代码如下：

```
plt.figure(figsize=(8,4))
plt.show()
```

subplot 用于在全局绘图区域内创建子绘图区域，其参数表示将全局绘图区域分成 nrows 行和 ncols 列，并根据先行后列的计数方式在 plotnumber 位置生成一个坐标系，实例代码如下，3 个参数关系如图 7-2 所示。其中，全局绘图区域被分割成 3×2 的网格，在第 4 个位置绘制了一个坐标系。

```
plt.subplot(324)
plt.Show()
```

axes 默认创建一个 subplot 坐标系，在参数 rec=[left,bottom,width,height]中，4 个变量的范围都为[0,1]，表示坐标系与全局绘图区域的关系。

```
plt.axes([0.1f,0.1,0.7,0.3],axis.bg='y')
plt.show()
```

上述两行代码的运行效果如图 7-2 所示。

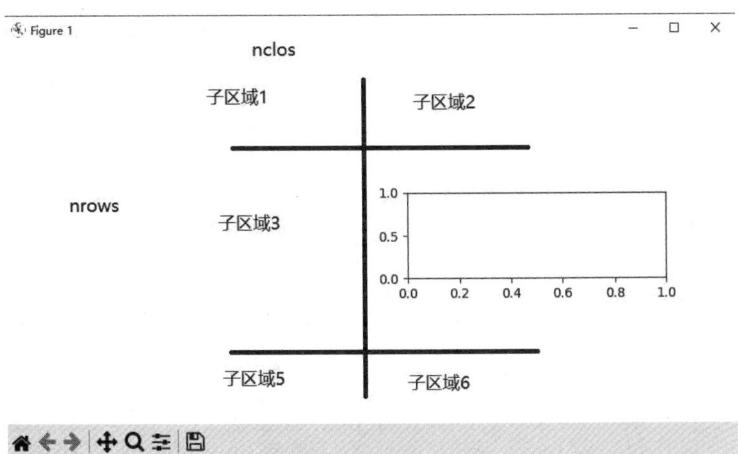


图 7-2 代码运行结果

plt 子库提供了一组读取和显示相关的函数，如表 7-19 所示。这些函数用于在绘图区域中增加显示内容及读入数据，值得注意的是这些函数需要与其他函数搭配使用。

表 7-19 plt 库的读取和显示函数

| 函数 | 描述 |
| --- | --- |
| plt.legend() | 在绘图区域中放置绘图标签(也称图注) |
| plt.show() | 显示创建的绘图对象 |
| plt.matshow() | 在窗口显示数组矩阵 |
| plt.imshow() | 在 axes 上显示图像 |
| plt.imsave() | 保存数组为图像文件 |
| plt.imreadO | 从图像文件中读取数组 |

pyplot 模块提供了用于绘制“基础图表”的常用函数，如表 7-20 所示。

表 7-20 plt 库的基础图表函数

| 操作 | 描述 |
| --- | --- |
| plt.polt(x,y,label,color,width) | 根据 $x$、$y$ 数组绘制直、曲线 |
| plt.boxplot(data,notch,position) | 绘制一个箱型图(Box-plot) |
| plt.bar(left,height,width,bottom) | 绘制一个条形图 |
| plt.barh(bottom,width,height,left) | 绘制一个横向条形图 |
| plt.polar(theta,r) | 绘制极坐标图 |
| plt.pie(data,explode) | 绘制饼图 |
| plt.psd(x,NFFT=256,padto,Fs) | 绘制功率谱密度图 |
| plt.specgram(x,NFFT=256,padto,F) | 绘制谱图 |
| plt.cohere(x,y,NFFT=256,Fs) | 绘制 $x$、$y$ 的相关性函数 |
| plt.scatter() | 绘制散点图($x$、$y$ 是长度相同的序列) |
| plt.step(x,y,where) | 绘制步阶图 |
| plt.hist(x,bins,normed) | 绘制直方图 |
| plt.contour(x,y,z,n) | 绘制等值线 |
| plt.vlines() | 绘制垂直线 |
| plt.stem(x,y,linefmt,markerfmt,basefmt) | 绘制曲线每个点到水平轴线的垂线 |
| plt.plotdate() | 绘制数据日期 |
| plt.plotfile() | 绘制数据后写入文件 |
| plt.polt(x,y,label,color,width) | 根据 $x$、$y$ 数组绘制直、曲线 |
| plt.boxplot(data,notch,position) | 绘制一个箱型图(Box-plot) |
| plt.bar(left,height,width,bottom) | 绘制一个条形图 |

plot 函数是用于绘制直线最基础的函数，调用方式很灵活，$x$ 和 $y$ 可以是 NumPy 计算出的数组，并用关键字参数指定各种属性。其中，label 表示设置标签并在图例(legend)中显示；color 表示曲线的颜色；linewidth 表示曲线的宽度。在字符串前后添加“ $ ”符号，Matplotlib 会使用其内置的 latex 引擎绘制数学公式。在坐标系中绘制基本的三角函数，代码如下。

```
import numpy as np
import matplotlib.pyplot as plt
x=np.linspace(0,6,100)
y=np.cos(2' np.pi' x) * np.exp(-x)+0.8
plt.plot(x,y,'k',color='r',linewidth=3,linestyle="-")
plt.show()
```

plt 库的坐标轴设置函数如表 7－21 所示。

**表 7－21　plt 库的坐标轴设置函数**

| 函数 | 描述 |
| --- | --- |
| plt.axis('v\'off,'equal','Scaled','tight','image') | 获取设置轴属性的快捷方法 |
| plt.xlim(xmin,xmax) | 设置当前 $x$ 轴取值范围 |
| plt.ylim(ymin,ymax) | 设置当前 $y$ 轴取值范围 |
| plt.xscale() | 设置 $x$ 轴缩放 |
| plt.yscale() | 设置 $y$ 轴缩放 |
| plt.autoscale() | 自动缩放轴视图的数据 |
| plt.text(x,y,s,fbntdic,withdash) | 为 axes 图轴添加注释 |
| plt.thetagrids(angles,labels,fint,frac) | 设置极坐标网格 theta 的位置 |
| plt.grid(on/off) | 打开或者关闭坐标网格 |

plt 库有两个坐标体系：图像坐标和数据坐标。图像坐标将图像所在区域左下角视为原点，将 $x$ 方向和 $y$ 方向长度设定为 1.整体绘图区域有一个图像坐标，每个 axes 和 subplot()函数产生的子图也有属于自己的图像坐标 axes 函数参数 rect 指当前产生的子区域相对于整个绘图区域的图像坐标。数据坐标以当前绘图区域的坐标轴为参考，显示每个数据点的相对位置，这与坐标系里面标记数据点一致。表 7－22 给出了设置坐标系标签的相关函数。

表 7-22 设置坐标系标签的相关函数

| 函数 | 描述 |
|---|---|
| plt. figlegend(handles, label, loc) | 为全局绘图区域放置图注 |
| plt. Iegend() | 为当前坐标图放置图注 |
| plt. xlabel(s) | 设置当前 $x$ 轴的标签 |
| plt. ylabel(s) | 设置当前 $y$ 轴的标签 |
| plt. xticks(array, 'a', 'b', 'c') | 设置当前 $x$ 轴刻度位置的标签和值 |
| plt. yticks(array, 'a', 'b', 'c') | 设置当前 $y$ 轴刻度位置的标签和值 |
| plt. clabel(cs, v) | 为等值线图设置标签 |
| plt. getfiglabels() | 返回当前绘图区域的标签列表 |
| plt. figtext(x, y, s, fbntdic) | 为全局绘图区域添加文字 |
| plt. title() | 设置标题 |
| plt. suptitle() | 为当前绘图区域添加中心标题 |
| plt. text(x, y, s, fbntdic, withdash) | 为坐标图轴添加注释 |
| plt. annotate (note, xy, xytext, xycoords, textcoords, arrowprops) | 用箭头在指定数据点创建一个注释或一段文本 |

# 7.6 图形用户界面库及其使用

## 7.6.1 常用库概述

图形用户界面(GUI),顾名思义就是用图形的方式来显示计算机操作的界面,更加方便且直观。与之相对应的则是命令行用户交互(CUI),也就是常见的 Dos 命令行操作,这需要记忆一些常用的命令。

一个好看又好用的 GUI,可以提高大家的使用体验和效率。比如你想开发一个计算器,如果只是一个程序输入、输出的窗口,是没有用户体验的。所以开发一个图像化的小窗口,就变得很有必要。Python 提供了非常多的图形开发界面库,用户可以根据自身应用需求及习惯选择适合的界面开发库,常用的 GUI 库如下。

(1) tkinter:tkinter 模块是 Python 的标准 GUI 工具包的接口,可以在大多数的 Unix 平台下使用,同样可以应用在 Windows 和 Mac 系统里。

(2) wxPython:wxPython 是一款开源软件,它是 Python 语言中一套优秀的 GUI 图形库,允许 Python 程序员很方便地创建完整的、功能键全的 GUI 用户界面。

(3) Jython:Jython 程序可以和 Java 无缝集成。除了一些标准模块,Jython 使用 Java 的模块。Jython 几乎拥有标准的 Python 中不依赖于 C 语言的全部模块。比如,Jython 的用户界面将使用 Swing、AWT 或者 SWT。Jython 可以被动态或静态地编译成 Java 字节码。

(4) PyQt:是 Python 最复杂也是使用最广泛的图形化界面库。QT 是跨平台 C++ 库的集合,PyQt 是 Qt 的 Python 绑定,它被实现为超过 35 个扩展模块。PyQt 使程序员不但拥有 Qt 的所有功能,还能够利用 Python 的简单性来开发它。它可在 Qt 支持的所有平台上运行,包括 Windows、macOS、Linux、iOS 和 Android。

接下来介绍校企合作已经开发的一些应用系统,旨在向大家展示 Pyhton 语言在各个方面的应用。要实现一套完整的系统仅仅靠 Python 语言还远远不够,我们还需要学习更多关于操作系统、数据库、Web 等相关的知识,甚至也需要学习多种编程语言、多个操作平台,并将其融合应用。本章节的案例均利用了 Python 的图形用户界面库 PyQt 编程开发,也涉及 Python 与数据库的交互知识等。

### 7.6.2 应用案例

#### 1. 高校智能文件存取系统

高校智能文件存取系统是专为高校师生定制的一款智能文件存取系统,解决了传统钥匙文件箱因工艺落后、结构简单而存在的易撬、易盗、管理混乱、不便存取等各种弊端,并保证文件能安全、便捷地存取。在使用该智能柜时,提交者和接收者只需要通过文件存取柜这个第三方中转站即可自助领取文件资料。提交者在文件存入存取柜后,智能柜将会给提交者发送信息通知,提交者通过相应的验证码即可进行自取。它可以提升高校对内部智能化管理的要求,可成为高校实现智能化管理的好帮手。本系统的主要子系统包括智能柜终端系统、信息服务平台、文件助手 App。系统框架如图 7-3 所示。

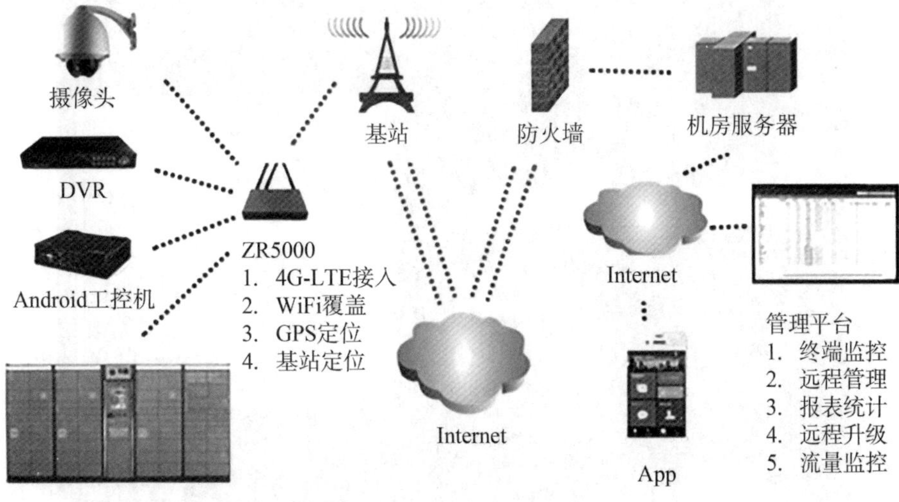


图 7-3 系统框架图

本系统利用物联网、信息可视化、人机交互、智能语音播报、工业控制总线、信息化安全等技术开发智能柜终端系统，实现对智能柜体的一机多控、实时状态监测、终端安全管理、平台信息交换等功能。该系统的移动应用终端 App 可用 Python 语言实现。本系统部分软件界面如图 7-4～图 7-7 所示。

图 7-4　终端主界面图

图 7-5　系统存件界面图

图7-6 系统取件界面图

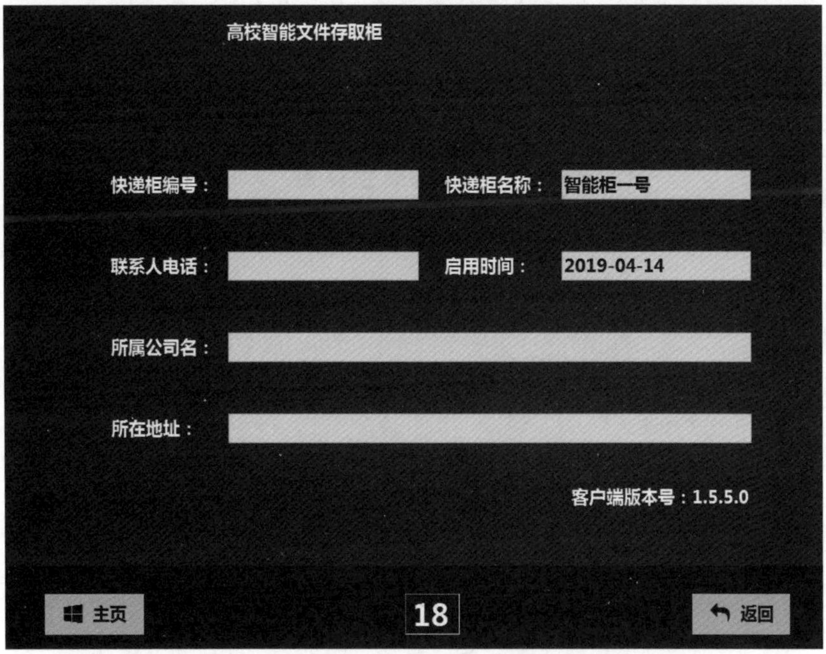

图7-7 系统版本示意图

### 2. 学生学习题库系统

学生学习题库可以针对校内学生开发一套自动答题系统，并将学习数据进行记录，通过 Python 与数据库、web 等系统的链接，可以有效地帮助学生进行知识的学习及回顾。答题记录还能为老师提供宝贵的教学反馈数据，系统不仅简单易操作，也具有极大的教学意义。该系统通过 Pyhton 实现操作界面，包括学生的登录界面以及答题界面等。在使用时，每位学生都拥有自己唯一的账号，在系统后台，教师可以导出和管理学生的答题数据。答题界面可以选择链接的题库，系统可提供不同学科的题目给学生进行作答。图 7－8～图 7－10 展示的分别为与计算机进行交互的猜数字游戏题库以及文字排序的题库。

MainWindow
菜单1
菜单2
用户名：
999
密　码：
张三：登录

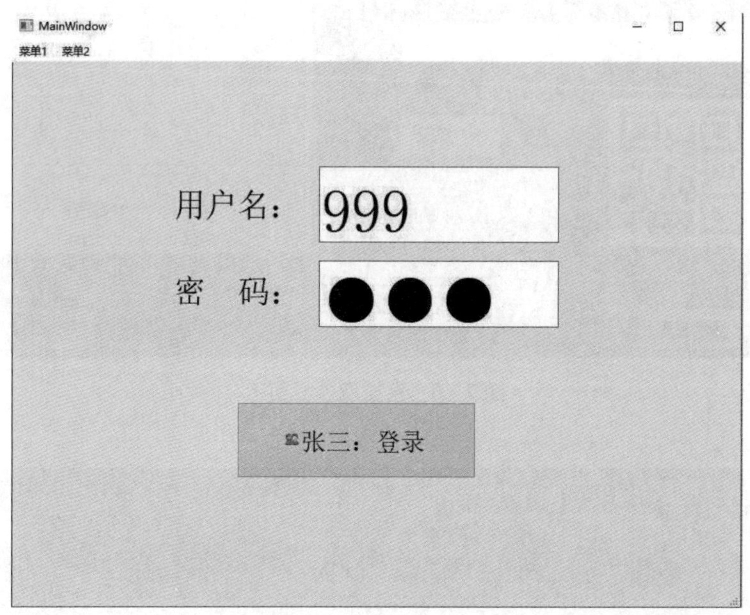

图7－8　登录主界面

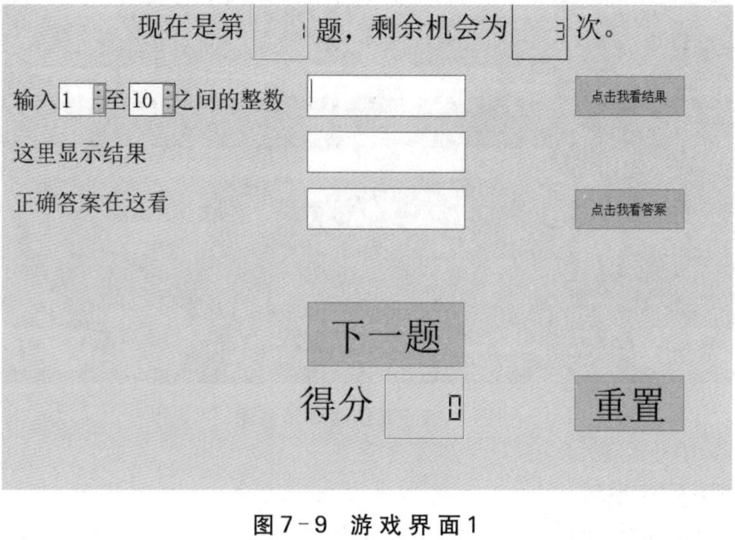
现在是第
题，剩余机会为
次。
输入
1
至
10
之间的整数
点击我看结果
这里显示结果
正确答案在这看
点击我看答案
下一题
得分
0
重置

图7－9　游戏界面1

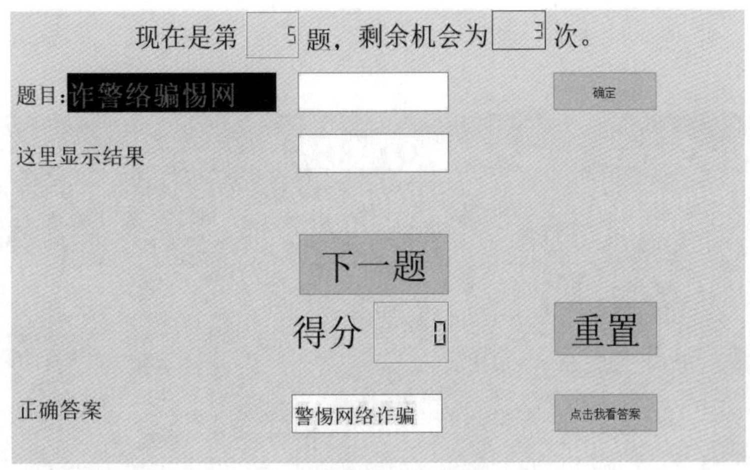


图7-10 游戏界面2

### 3. 芯片质检系统

芯片质检系统可利用计算机实现电子芯片损坏件、磨损件的自动检测，极大地缩减了人工成本及时间成本，并且保证较高的准确率。系统通过高清摄像头拍摄检测品的图片，然后利用内置算法，以及前期的训练模型对该芯片进行质量检测，并通过折线图、饼图等一系列的可视化方法为用户直观地展现测试结果。该系统是对 Python 语言中的 PyQt5、OpenCV、os 等一系列库函数的综合应用。PyQt5 库用于界面的编写；OpenCV 库用于计算机视觉的相关处理；os 库用于文件的处理。该系统的一些界面图如图 7-11～图 7-15 所示。

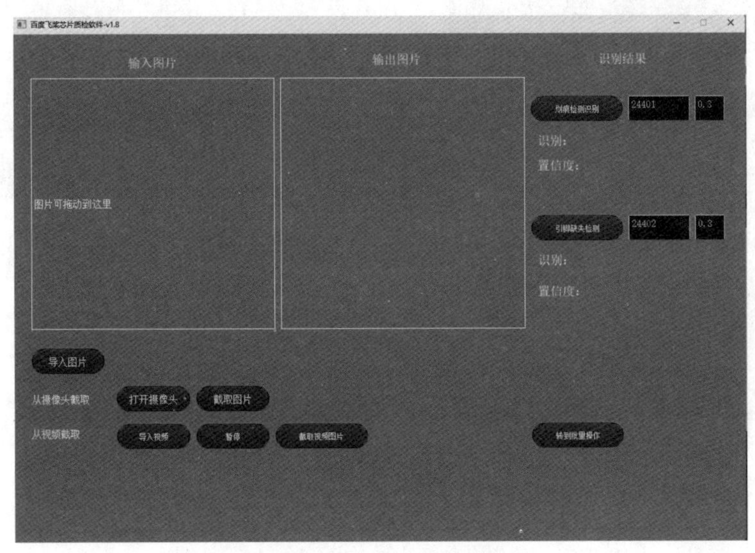


图7-11 软件主界面

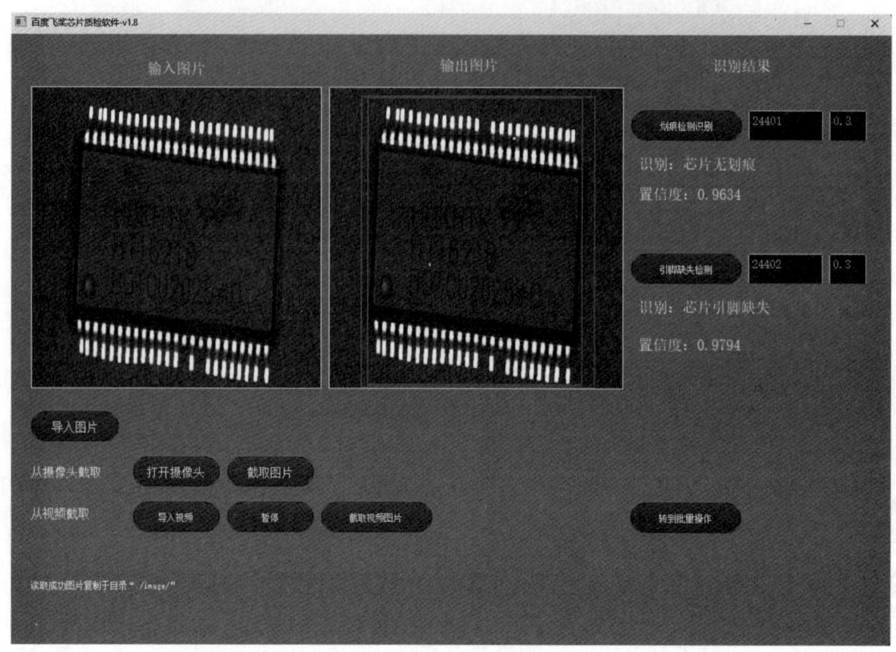


图 7－12　检测界面

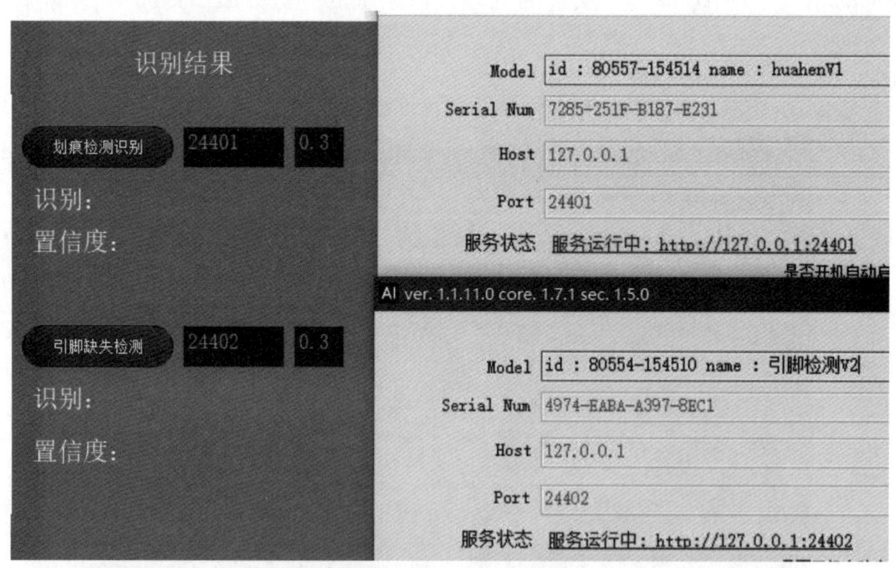


图 7－13　识别结果

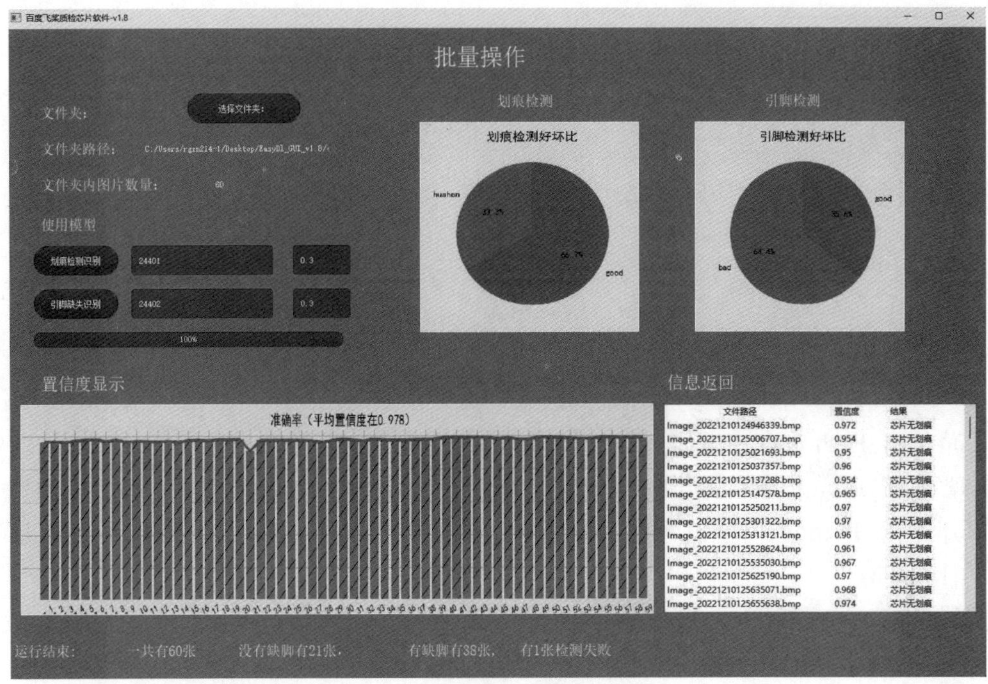


图 7－14　检测结果统计图 1

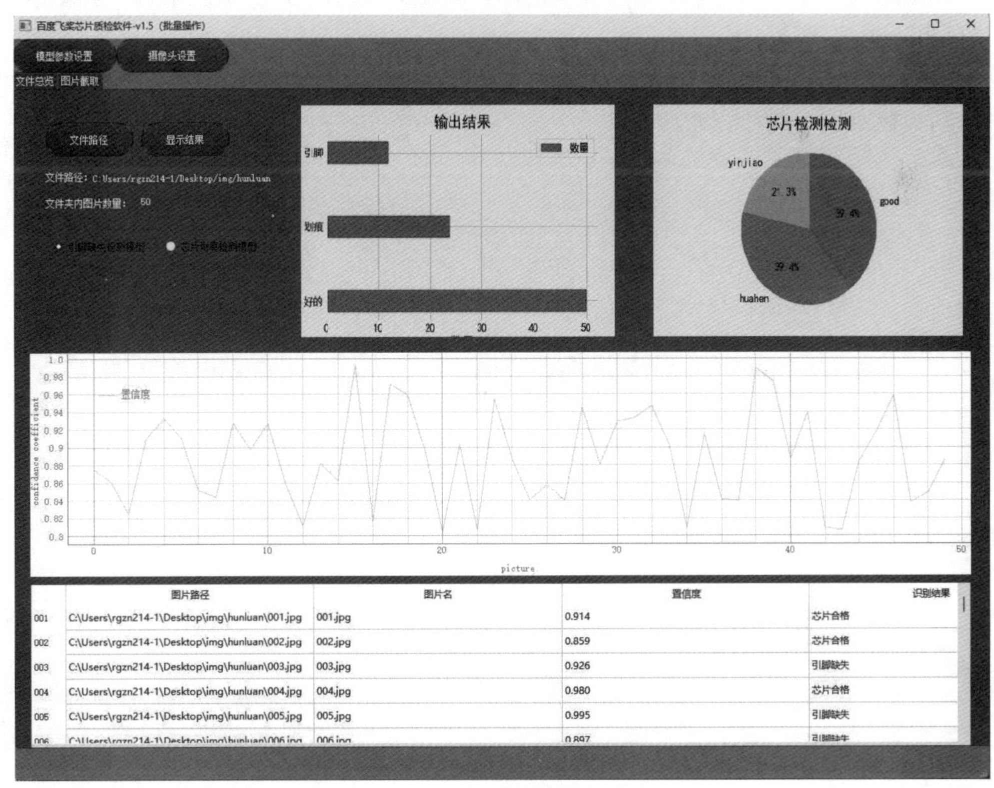


图 7－15　检测结果统计图 2

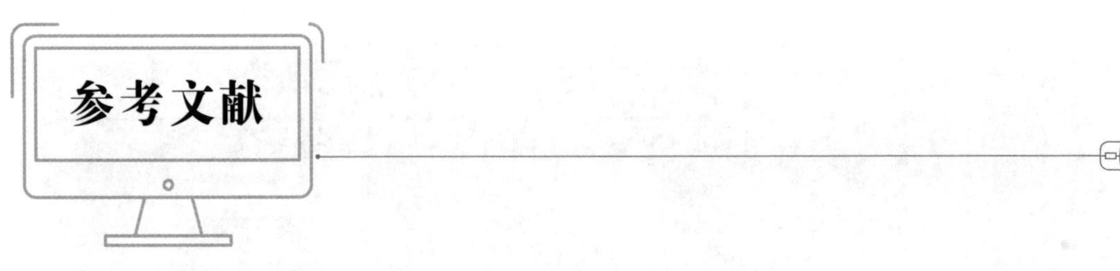

# 参考文献

[1] 董付国.Python 程序设计[M].3 版.北京:清华大学出版社,2020.

[2] 曹杰.Python 程序设计与应用[M].北京:人民邮电出版社,2020.

[3] 郑述招.Python 程序设计项目教程——从入门到实践[M].北京:电子工业出版社,2023.

[4] 埃里克·马瑟斯.Python 编程:从入门到实践[M].袁国忠,译.北京:人民邮电出版社,2021.

[5] 泽德·A.肖."笨方法"学 Python[M].王巍巍,译.北京:人民邮电出版社,2018.

[6] MAHESH VENKITACHALAM. Python 极客项目编程[M].王海鹏,译.北京:人民邮电出版社,2017.

[7] 李·沃恩.Python 编程实战:妙趣横生的项目之旅[M].翁健,韩露露,刘琦,等译.北京:人民邮电出版社,2021.